混合智能优化算法及其图像处理与分析应用

刘　伟　叶志伟　王明威　著

中国水利水电出版社
www.waterpub.com.cn
·北京·

内 容 提 要

本书对混合智能优化算法、机器学习、图像处理与分析三个前沿领域进行了论述，特别是围绕混合智能优化算法在图像处理分析和机器学习中的参数调优应用问题进行了深入探讨。主要内容包括智能优化算法的混合策略，以及混合智能优化算法在图像增强、图像特征抽取、图像匹配、高光谱图像降维、图像分类中的应用等。本书着重对上述领域的国内外发展现状进行总结，阐述作者对混合智能优化算法在图像处理与分析领域中应用的思考。

本书可作为计算机科学、人工智能、自动化等相关领域从事智能优化算法、机器学习、图像处理与分析的相关专业人员的参考书，也可以作为相关专业高年级本科生或研究生的教材。

图书在版编目（CIP）数据

混合智能优化算法及其图像处理与分析应用/刘伟，叶志伟，王明威著. —北京：中国水利水电出版社，2020. 6 （2021.7重印）
ISBN 978-7-5170-8657-4

Ⅰ. ①混… Ⅱ. ①刘… ②叶… ③王… Ⅲ. ①最优化算法—应用—图像处理—研究 Ⅳ. ①TP391.413

中国版本图书馆 CIP 数据核字（2020）第 110041 号

书　　名	混合智能优化算法及其图像处理与分析应用 HUNHE ZHINENG YOUHUA SUANFA JI QI TUXIANG CHULI YU FENXI YINGYONG
作　　者	刘　伟　叶志伟　王明威　著
出版发行	中国水利水电出版社 （北京市海淀区玉渊潭南路 1 号 D 座　100038） 网址：www. waterpub. com. cn E-mail：sales@ waterpub. com. cn 电话：（010）68367658（营销中心）
经　　售	北京科水图书销售中心（零售） 电话：（010）88383994、63202643、68545874 全国各地新华书店和相关出版物销售网点
排　　版	北京智博尚书文化传媒有限公司
印　　刷	三河市元兴印务有限公司
规　　格	185mm×260mm　16 开本　14.25 印张　360 千字
版　　次	2020 年 7 月第 1 版　2021 年 7 月第 2 次印刷
印　　数	2001—3500 册
定　　价	69.00 元

凡购买我社图书，如有缺页、倒页、脱页的，本社营销中心负责调换

版权所有·侵权必究

前　言

人工智能在当下已成为一个时代主题，其中，作为人工智能研究领域的一个重要分支，智能优化算法的提出和应用也备受关注。群智能优化算法是一种新兴的演化计算技术，是自然科学与计算机科学交叉研究的进一步探索研究。群智能优化算法基于生物、统计物理、社会行为等背景，以群体为对象并以适应度等为衡量手段，采用概率统计等随机方式产生新群体，从本质上来说是一类具有自适应调节功能的搜索寻优技术，它不需要导数信息，对函数的形态没有要求且适用范围广、鲁棒性强，具有操作简单、收敛速度快、全局收敛性好等诸多优点，是解决非连续、非凸、不可微、移动峰等最优化问题的重要方法。目前群智能优化算法已成功应用于生命科学、网络通信、图像处理、作业调度、机械设计等多个领域，并取得令人满意的效果。

图像是信息的主要载体。目前利用机器学习和智能优化算法对图像进行处理与分析已经成为热点问题，然而机器学习参数训练和图像处理技术中的最优参数获取的计算复杂度非常高或者是非确定性多项式（Nondeterministic Polynomially，NP）问题。单一的智能优化算法处理这类问题时性能仍然受限，本书主要针对智能优化算法的混合模式及其在图像处理分析中的应用展开研究。参加本书相关专题研究和书稿撰写工作的有湖北工业大学刘伟、叶志伟，中国地质大学（武汉）王明威，感谢实验室研究生马烈、黄千、刘畅、李瑞成、杨娟、张旭、陈凤、孙爽、郑逍、王然、詹思楷、师恒、刘诗芹、舒哲、杨帅、胡明威，还有实验室本科生王紫薇、宋昊秋、董达伟等为本书所做的贡献。王春枝、陈宏伟、宗欣露、严灵毓、常学立、苏军等教师参与了校对工作。

本书是国家自然科学基金（41301371、61502155、61772180）、湖北省自然科学基金（2011CDB075）、地理信息工程国家重点实验室开放基金（SKLGIE2014-M-3-3）和湖北工业大学高层次人才启动基金等资助的研究工作的成果汇编。此外，在本书撰写过程中，参考了国内外相关研究成果，在此谨表示诚挚的谢意！最后衷心感谢湖北工业大学对作者的帮助和支持！

由于作者水平有限，书中的疏漏及不妥之处在所难免，敬请读者批评指正。

作　者

2020 年 1 月于武汉

湖北工业大学计算机学院

目　　录

第1章　绪论 ………………………………………………………………… 1

1.1　最优化问题概述 ……………………………………………………… 1

　1.1.1　最优化问题的定义 …………………………………………… 1

　1.1.2　最优化理论的发展 …………………………………………… 2

　1.1.3　最优化问题求解的步骤、研究内容和求解方法 …………… 2

　1.1.4　最优化方法的应用 …………………………………………… 5

1.2　混合智能优化算法概述 ……………………………………………… 5

1.3　图像处理与分析概述 ………………………………………………… 7

1.4　本书主要研究的内容和结构 ………………………………………… 8

第2章　智能优化算法及其混合模式 …………………………………… 10

2.1　智能优化算法的混合策略 ………………………………………… 10

2.2　自然优化算法的串行混合模式 …………………………………… 12

　2.2.1　串行粒子群杜鹃搜索算法仿真测试 ……………………… 13

　2.2.2　串行粒子群人工蜂群算法仿真测试 ……………………… 20

　2.2.3　串行遗传差分进化算法仿真测试 ………………………… 27

　2.2.4　串行萤火虫差分进化算法仿真测试 ……………………… 29

　2.2.5　串行萤火虫杜鹃搜索算法仿真测试 ……………………… 36

　2.2.6　串行差分进化杜鹃搜索算法仿真测试 …………………… 43

2.3　自然优化算法的并行混合模式 …………………………………… 50

　2.3.1　并行萤火虫差分进化算法仿真测试 ……………………… 51

　2.3.2　并行差分进化杜鹃搜索算法仿真测试 …………………… 59

　2.3.3　并行差分进化遗传算法仿真测试 ………………………… 65

　2.3.4　并行萤火虫杜鹃搜索算法仿真测试 ……………………… 72

　2.3.5　并行粒子群人工蜂群算法仿真测试 ……………………… 80

　2.3.6　并行粒子群差分进化算法仿真测试 ……………………… 87

2.4　自然优化算法的串并行混合模式 ………………………………… 94

第3章　基于混合智能优化算法的自适应图像增强方法 …………… 95

3.1　图像增强概述 ……………………………………………………… 95

3.2　基于混合进化算法的 Beta 函数图像增强方法 ………………… 97

3.3　基于 FPIO 算法的非完全 Beta 函数图像增强方法 …………… 99

　3.3.1　评价体系 …………………………………………………… 100

　3.3.2　实验仿真与分析 …………………………………………… 101

第 4 章　基于混合智能优化算法的图像去噪方法 ·················· 105

4.1　概述 ··· 105

4.2　噪声描述 ·· 105

4.3　噪声滤波器 ··· 106

4.4　遗传算法优化 BP 神经网络的图像去噪 ·························· 107

4.4.1　算法步骤与实现 ·· 107

4.4.2　样本的选取与训练 ··· 108

4.4.3　实验结果 ·· 109

4.5　粒子群优化算法混合遗传算法的图像去噪 ····················· 110

4.5.1　非局部均值去噪 ·· 110

4.5.2　混合交叉的粒子群优化算法 ·· 111

4.5.3　算法步骤 ·· 111

4.5.4　实验结果 ·· 111

第 5 章　基于混合智能优化算法的图像匹配方法 ·················· 113

5.1　概述 ··· 113

5.2　图像匹配概述 ·· 113

5.2.1　图像匹配研究现状 ··· 113

5.2.2　图像匹配算法 ··· 114

5.2.3　图像匹配原理 ··· 115

5.3　实验与分析 ··· 115

5.3.1　实验环境及参数设置 ·· 115

5.3.2　基于混合优化算法的图像模板匹配 ······························ 116

第 6 章　基于混合智能优化算法的图像单阈值分割方法 ········· 121

6.1　图像阈值分割概述 ·· 121

6.2　常见的阈值分割方法 ··· 122

6.2.1　实验观察法 ··· 122

6.2.2　直方图谷底分割法 ·· 122

6.2.3　最大熵分割法 ·· 123

6.3　基于混合进化算法的 Otsu 分割方法 ······························· 125

第 7 章　基于混合智能优化算法的图像多阈值分割方法 ········· 130

第 8 章　基于混合智能优化算法的图像聚类分割方法 ············ 144

8.1　聚类分析和 FCM 算法 ··· 144

8.1.1　聚类分析 ·· 144

8.1.2　FCM 算法 ··· 144

8.2　磷虾群算法及其改进 ··· 145

8.2.1　磷虾群算法 ··· 145

8.2.2　对磷虾群算法的改进 ··· 146

8.3　实验过程 ·· 146

  8.3.1 实验过程简述 ……………………………………………………… 146

  8.3.2 实验结果及数据 …………………………………………………… 147

  8.3.3 实验结果分析 ……………………………………………………… 161

第9章 基于自然计算的高光谱图像降维方法 ………………………………… 162

 9.1 高光谱图像降维概述 …………………………………………………… 162

 9.2 基于改进万有引力搜索算法的高光谱图像波段选择方法 …………… 165

  9.2.1 改进万有引力搜索算法编码形式 ……………………………… 165

  9.2.2 实验环境及图像数据简介 ……………………………………… 166

  9.2.3 实验结果与分析 ………………………………………………… 169

第10章 基于混合智能优化算法的图像特征抽取方法 ………………………… 180

 10.1 概述 ………………………………………………………………… 180

 10.2 图像纹理特征概述 ………………………………………………… 180

 10.3 基于"Tuned"模板图像纹理特征提取模型 …………………… 182

 10.4 基于混合智能优化算法的"Tuned"模板的优化方法 ………… 185

  10.4.1 基于混合算法的"Tuned"模板的优化算法模型 ……… 185

  10.4.2 实验与分析 …………………………………………………… 185

第11章 基于自然计算的一体优化SVM图像分类方法 …………………… 191

 11.1 基于改进的BACO一体优化SVM遥感图像分类 ……………… 191

  11.1.1 基于改进的BACO一体优化SVM思路 ………………… 191

  11.1.2 基于改进的BACO一体优化SVM步骤 ………………… 192

  11.1.3 图像分类结果实验与分析 ………………………………… 193

 11.2 基于IGSA一体优化的小波SVM高光谱图像分类 …………… 201

  11.2.1 基于小波函数的SVM ……………………………………… 201

  11.2.2 采用IGSA算法进行SVM一体优化 …………………… 203

  11.2.3 采用IGSA算法进行分类器模型一体优化实验结果与分析 ……… 203

参考文献 ……………………………………………………………………… 214

第 *1* 章

绪　论

1.1　最优化问题概述

■1.1.1　最优化问题的定义

在工业、农业、交通运输、商业、国防、建筑、通信等各部门、各领域的实际工作中，人们不可避免地会遇到求函数的极值或最大值、最小值问题，这一类问题称为最优化问题。"优化"一词来自英文 optimization，其本意是寻优的过程，即是寻找约束空间下给定函数取极大值（以 max 表示）或极小值（以 min 表示）的过程。在生产过程、科学实验以及日常生活中，人们总希望用最少的人力、物力、财力和时间去办更多的事，获得最大的效益，或是在产出一定的情况下，寻求最少的投入，在管理学中被看作生产者的利润最大化和消费者的效用最大化，如果从数学的角度来看就被看作"最优化问题"。

最优化方法的主要研究对象是各种有组织系统的管理问题及其生产经营活动。最优化方法的目的在于针对所研究的系统，寻求一个运用人力、物力和财力的最佳方案，发挥和提高系统的效能及效益，最终达到系统的最优目标。实践表明，随着科学技术的日益进步和生产经营的日益发展，最优化方法已成为现代管理科学的重要理论基础和不可缺少的方法，被人们广泛地应用到公共管理、经济管理、投资组合、工程建设、生产调度、国防、计算机软件设计等各个领域，发挥着越来越重要的作用。从数学意义上说，最优化方法是一种求极值的方法，即在一组约束为等式或不等式的条件下，使系统的目标函数达到极值，即最大值或最小值。从经济意义上说，是在一定的人力、物力和财力资源条件下，使经济效益达到最大（如产值、利润），或者在完成规定的生产或经济任务下，使投入的生产资源最少。

最优化理论与方法是数学的一个重要分支，它关注的是在众多的方案中如何找到最优的方案。狭义的最优化理论与方法主要是指非线性规划的相关内容。广义的最优化理论与方法则涵盖两个方面：一是连续优化，包括线性规划、非线性规划、全局优化、锥优化等；二是离散优化，包括网络优化、组合优化和近年来发展迅速的智能优化等。总的来说，最优化问题的求解方法大致可分为 4 类。

（1）解析法。对于目标函数及约束条件具有简单而明确的数学表达式的最优化问题，一般都可采用解析法。然而，在解决实际问题时，描述实际问题的解析形式的数学表达式常常很难找到，基于解析法的最优化问题求解缺乏一定的适用性。

（2）数值解法。对于目标函数较为复杂或无明确的数学表达式或无法用解析法求解的最优化问题，一般可采用数值解法来解决。其基本思想是用直接搜索方法经过一系列的迭代以产生解的序列，这样逐步逼近最优值，从而获得问题的最优值。

（3）解析法与数值解法相结合的求解方法。

（4）网络优化方法。很多工程中的系统，可以等价为网络流。网络优化方法是以网络图作为数学模型，用图论方法研究网络中的最短路径、最小生成树、最大成本流和最小成本流等问题，进而解决实际系统中的最优化问题。

■1.1.2　最优化理论的发展

最优化问题可追溯到古希腊的欧几里得（Euclid），他指出：在周长相同的一切矩形中，以正方形的面积为最大。十七八世纪微积分的建立给出了求函数极值的一些准则，对最优化的研究提供了某些理论基础。然而，此后 200 年中，最优化技术进展缓慢，主要考虑了有约束条件的最优化问题，发展了变分法。直到 20 世纪 40 年代初，由于军事上的需要产生了运筹学，并使优化技术首先应用于解决战争中的实际问题，如轰炸机最佳俯冲轨迹的设计等。

20 世纪 50 年代末数学规划方法被首次用于结构最优化，并成为优化设计中求优方法的理论基础。数学规划方法是在第二次世界大战期间发展起来的一个新的数学分支，线性规划与非线性规划是其主要内容。大型计算机的出现，使最优化方法及其理论蓬勃发展，成为应用数学中的一个重要分支，并在许多科学技术领域中得到应用。近年来，最优化方法已陆续用到建筑结构、化工、冶金、铁路、航天航空、造船、机床、汽车、自动控制系统、电力系统以及电机、电气等工程设计领域，并取得了显著效果。

最优化理论的发展与应用大体经历了 4 个阶段。

（1）人类智能优化：直接凭借人类的直觉或逻辑思维，如黄金分割法、穷举法和瞎子爬山法等。

（2）数学规划方法优化：从 300 多年前牛顿发明微积分算起，计算机的出现推动数学规划方法在近 50 年来得到迅速发展。

（3）工程优化：近 20 年来，计算机技术的发展给解决复杂工程优化问题提供了新的可能，非数学领域专家开发了一些工程优化方法，能解决不少传统数学规划方法不能胜任的工程优化问题。在处理多目标工程优化问题中，基于经验和直觉的方法得到了更多的应用。优化过程和方法学研究，尤其是建模策略研究引起重视，开辟了提高工程优化效率的新的途径。

（4）现代优化方法：如遗传算法、模拟退火算法、蚁群算法、粒子群优化算法、神经网络算法等，并采用专家系统技术实现寻优策略的自动选择和优化过程的自动控制，智能寻优策略迅速发展。

■1.1.3　最优化问题求解的步骤、研究内容和求解方法

最优化问题的求解涉及数学、计算机等各专业领域，是一个十分复杂的问题。怎样研究分析求解这类问题呢？其中最关键的是建立待处理问题的数学模型和求解数学模型。一般来说，应用最优化方法解决实际问题可分为 4 个步骤进行。

（1）建立模型。对于待求解最优化问题，变量是什么，约束条件有哪些，目标函数是什么，建立最优化问题数学模型：确定变量，建立目标函数，列出约束条件——建立模型。

（2）确定求解方法。分析模型，根据数学模型的性质，选择优化求解方法——确定求解方法。

（3）计算机求解。编制程序（或使用数学计算软件），应用计算机求最优值——计算机求解。

（4）结果分析。对算法的可行性、收敛性、通用性、时效性、稳定性、灵敏性和误差等作出评价——结果分析。

最优化问题的求解与其数学模型的类型密切相关，一般来说，常见最优化问题及其数学模型有以下几种。

（1）无约束最优化问题数学模型。对于某实际问题设立变量，建立一个目标函数且无约束条件，这样的求函数极值或最大值、最小值问题，称为无约束最优化问题。其数学模型为

$$\min f(x_1, x_2, \cdots, x_n) \text{——目标函数}$$

例如，求一元函数 $y = f(x)$ 和二元函数 $z = f(x, y)$ 的极值。

又如，求函数 $f(x_1, x_2, x_3) = 3x_1^2 + 4x_2^2 + 6x_3^2 + 2x_1x_2 - 4x_1x_3 - 2x_2x_3$ 的极值和取得极值的点。

（2）有约束最优化问题数学模型。对于某实际问题设立变量，建立一个目标函数和若干个约束条件（等式或不等式），这样的求函数极值或最大值、最小值问题，我们称为有约束最优化问题。其数学模型为

$$\min f(x_1, x_2, \cdots, x_n) \text{——目标函数}$$
$$g_i(x_1, x_2, \cdots, x_n) = 0, \ i = 1, 2, \cdots, m \text{——约束条件}$$

有约束最优化问题的例子：求函数 $f(x_1, x_2, x_3) = x_1 x_2 \cdots x_n$ 在约束条件 $x_1 + x_2 + \cdots + x_n = 2008$，$x_i \geq 0$，$i = 1, 2, \cdots, n$ 下的最大值和取得最大值的点。

（3）线性规划最优化问题数学模型。对于某实际问题设立变量，建立一个目标函数和若干个约束条件，目标函数和约束条件都是变量的线性函数，而且变量是非负的，这样的求函数最大值、最小值问题，称为线性规划最优化问题，简称为线性规划问题。其数学模型为

$$\min f(x_1, x_2, \cdots, x_n) = c_1x_1 + c_2x_2 + \cdots + c_nx_n \text{——目标函数}$$
$$\left. \begin{array}{l} a_{i1}x_1 + a_{i2}x_2 + \cdots + a_{im}x_n = b_i, \ i = 1, 2, \cdots, m \\ x_i \geq 0 \end{array} \right\} \text{——约束条件}$$

矩阵形式：
$$\min f(\boldsymbol{X}) = \boldsymbol{C}^{\mathrm{T}}\boldsymbol{X} \text{——目标函数}$$
$$\left. \begin{array}{l} \boldsymbol{AX} = \boldsymbol{B} \\ \boldsymbol{X} \geq 0 \end{array} \right\} \text{——约束条件}$$

其中，$\boldsymbol{X} = (x_1, x_2, \cdots, x_n)^{\mathrm{T}}$，$\boldsymbol{C} = (c_1, c_2, \cdots, c_n)^{\mathrm{T}}$，$\boldsymbol{B} = (b_1, b_2, \cdots, b_m)^{\mathrm{T}}$

$$\boldsymbol{A} = \begin{pmatrix} a_{11} & a_{12} & \cdots & a_{1n} \\ a_{21} & a_{22} & \cdots & a_{2n} \\ \vdots & \vdots & \cdots & \vdots \\ a_{m1} & a_{m2} & \cdots & a_{mn} \end{pmatrix}$$

实际问题中经常遇到两类特殊的线性规划问题：一类是所求变量要求是非负整数，称为整数规划问题；另一类是所求变量要求只取 0 或 1，称为 0-1 规划问题。

例如，整数规划问题

$$\min z = x_1 + 3x_2$$
$$\text{s. t.} \begin{cases} x_2 \geqslant 3.13 \\ 22x_1 + 34x_2 \geqslant 285 \\ x_1 \geqslant 0, \ x_2 \geqslant 0 \ 且为整数 \end{cases}$$

又例如，0-1 规划问题

$$\max z = 3x_1 - 2x_2 + 5x_3$$
$$\text{s. t.} \begin{cases} x_1 + 2x_2 - x_3 \leqslant 2 \\ x_1 + 4x_2 + x_3 \leqslant 4 \\ x_1 + x_2 \leqslant 3 \\ 4x_2 + x_3 \leqslant 6 \end{cases}, \quad x_1, \ x_2, \ x_3 = 0 \ 或 \ 1$$

（4）非线性规划最优化问题数学模型。对于某实际问题设立变量，建立一个目标函数和若干个约束条件，如果目标函数或约束条件表达式中有变量的非线性函数，那么，这样的求函数最大值、最小值问题，我们称为非线性规划最优化问题，简称为非线性规划问题。其数学模型为

$$\min f(x_1, \ x_2, \ \cdots, \ x_n) \quad\text{——目标函数}$$
$$g_i(x_1, \ x_2, \ \cdots, \ x_n) = 0, \ i = 1, \ 2, \ \cdots, \ m \quad\text{——约束条件}$$

其中，目标函数或约束条件中有变量的非线性函数。

例如，非线性规划问题

$$\min f(x, \ y) = (x - 1)^2 + y$$
$$\text{s. t.} \begin{cases} g_1(x, \ y) = x + y - 2 \leqslant 0 \\ g_2(x, \ y) = -y \leqslant 0 \end{cases}$$

上述最优化问题中，目标函数是非线性函数，故称非线性规划问题。

前面介绍的 4 种最优化数学模型都只有一个目标函数，称为单目标最优化问题，简称最优化问题。

（5）多目标最优化问题数学模型。对于某实际问题设立变量，建立两个或多个目标函数和若干个约束条件，且目标函数或约束条件是变量的函数，这样的求函数最大值、最小值问题，称为多目标最优化问题。其数学模型为

$$\min f_i(x_1, \ x_2, \ \cdots, \ x_n) \qquad i = 1, \ 2, \ \cdots, \ s \quad\text{——目标函数}$$
$$g_i(x_1, \ x_2, \ \cdots, \ x_n) = 0 \qquad i = 1, \ 2, \ \cdots, \ m \quad\text{——约束条件}$$

上述模型中有 s 个目标函数，m 个等式约束条件。

例如，"生产商如何使得产值最大而且消耗生产要素最少问题""投资商如何使得投资收益最大而且投入资金最小问题"等都是多目标最优化问题。

（6）组合优化问题。经典的组合优化问题有旅行商问题（TSP）、加工调度问题、背包问题、装箱问题、图着色问题、聚类问题等。这些问题描述非常简单，但最优化求解很困难，

其主要原因是求解这些问题的算法需要极长的运行时间与极大的存储空间，其中有一类所谓的"NP-完全问题"，至今未发现有效算法，目前只能采用多项式界的近似算法求出组合优化问题的良好近似解。一般我们关心的不是最优值的存在性和唯一性，而是如何找到有效的算法求得一个最优值，如何衡量算法的优劣、有效与无效等问题。

■ 1.1.4　最优化方法的应用

最优化应用一般可以分为最优设计、最优计划、最优管理和最优控制 4 个方面。

（1）最优设计：世界各国工程技术界，尤其是飞机、造船、机械、建筑等部门都已广泛应用最优化方法于设计中，从各种设计参数的优选到最佳结构形状的选取等，结合有限元方法已使许多设计优化问题得到解决。一个新的发展动向是最优设计和计算机辅助设计相结合。电子线路的最优设计是另一个应用最优化方法的重要领域。配方、配比的优选方面在化工、橡胶、塑料等工业部门都得到成功的应用，并向计算机辅助搜索最佳配方、配比方向发展。

（2）最优计划：现代国民经济或部门经济的计划，直至企业的发展规划和年度生产计划，尤其是农业规划、种植计划、能源规划和其他资源、环境和生态规划的制定，都已开始应用最优化方法。一种重要的发展趋势是帮助领导部门进行各种优化决策。

（3）最优管理：一般在日常生产计划的制订、调度和运行中都可应用最优化方法。随着管理信息系统和决策支持系统的建立与使用，使最优管理得到迅速的发展。

（4）最优控制：主要用于对各种控制系统的优化。例如，导弹系统的最优控制，能保证用最少燃料完成飞行任务，用最短时间达到目标；再如，飞机、船舶、电力系统等的最优控制，化工、冶金等工厂的最佳工况的控制。计算机接口装置的不断完善和优化方法的进一步发展，还为计算机在线生产控制创造了有利条件。最优控制的对象也将从对机械、电气、化工等硬件系统的控制转向对生态、环境以及社会经济系统的控制。

1.2　混合智能优化算法概述

传统的优化算法在面对大型问题时，需要遍历整个搜索空间，一旦形成了搜索的组合爆炸，就无法在多项式时间内完成。在复杂、广阔的搜索空间来找最优值，就成为科学工作者研究的重要课题。通过分析、模拟自然系统的智能行为和机制，构造相应的学习与优化模型，借助先进的计算工具实现高效的计算智能方法，并用于解决实际工程问题，一直是人工智能研究的重要途径。

20 世纪 70 年代以来，一些与经典的数学规划原理截然不同的，试图通过模拟自然生态系统机制或自然现象以求解复杂优化问题的进化算法相继出现，包括遗传算法、禁忌搜索算法、模拟退火算法、蚁群优化算法和粒子群优化算法等。这些算法不需要构造精确的数学搜索方向，不需要进行繁杂的一维搜索，而是通过大量简单的信息传播和演变方法以一定的概率在整个求解空间中探索最优值。这些算法具有全局性、自适应、离散化等特点。这些算法大大丰富了现代优化技术，也为那些传统优化技术难以处理的优化问题提供了切实可行的解决方案。在模式识别、信号处理、知识工程、专家系统、优化组合、智能控制、工程力学、土木工程、建筑结构等领域得到了广泛应用，然而这些算法还存在以下一些缺陷。

（1）对于模拟退火算法，其参数难以控制，如初始温度 T 的设置太大，算法要花费大量的时间；设置太小，则全局搜索性能可能受到影响，还有退火速度问题也要做合理的设置。

（2）对于遗传算法，其在全局寻优上效果良好而在局部寻优上存在不足，在算法进行的前期搜索效果良好而在算法进行的后期搜索速度缓慢，参数的设置对其性能影响也很大。

（3）对于人工神经网络，当数据不充分的时候，其无法进行工作，对于典型的 BP 神经网络采用最速梯度下降的优化思想，而实际问题的误差函数通常不是凸的，存在众多局部极小值点，算法很难得到最优值。

（4）对于人工免疫算法，其稳定性受抗体浓度的影响较大，同时，该算法随机产生种群的方式，将容易导致数字的取值非均匀地分布在解的空间，从而增加数据冗余的现象，并且可能出现早熟收敛现象和缺少交叉操作问题。

（5）对于差分进化算法，由于选择作用的影响，随着进化代数的增加，个体间的差异会逐渐降低，个体差异性的减少又影响变异所带来的多样性，从而导致算法过早收敛到局部极值附近时，形成早熟收敛现象。

D. H. Wolpert 和 Y. C. Ho 等学者提出优化无免费午餐理论（no-free-lunch theorem of optimization，NFLT）。该理论指出，不同的优化策略各有所长，一个策略优于另一个策略是因为它是针对特定问题的结构而专门设计的，理论上并不存在一个通用的万能算法。面对日益复杂的大规模优化问题，尤其是多模态、高维、带约束和多目标优化问题，采用某一种智能算法，总会存在该算法本身的缺点，所以，要想取得更加令人满意的优化效果，可以将两种或多种智能算法按照某种规则组合使用，形成混合优化算法，不同的算法扬长避短，发挥智能算法的优点，大大提高算法的全局与局部收敛能力。常见的混合智能优化算法一般会选择一种全局搜索算法，在保证全局搜索能力的基础上，采取一定的措施，融入局部搜索的策略或另外一种智能算法，以达到整体优化的高效效果，目前围绕混合智能优化算法开展的工作非常多，一些经典的混合智能优化算法如下。

早在 1997 年，王雪梅等就将模拟退火算法和遗传算法相结合，并在 TSP 问题上验证了混合智能优化算法的性能。F. J. Rodriguez 等将模拟退火算法和元启发优化算法混合以提高它们的性能。熊志辉等将遗传算法与蚁群算法动态融合起来应用于软硬件划分问题求解。施荣华等将粒子群-遗传混合算法应用 MIMO（多进多出）雷达布阵优化求解。M. S. S. Mir 等将粒子群-遗传混合算法应于总机器负荷最小化问题求解。A. Ghodrati 将粒子群优化算法和杜鹃搜索算法混合起来用于全局优化问题求解。W. Sukkerd 等将遗传算法和禁忌搜索算法混合应用于柔性装配操作流水车间有限物料需求计划系统优化。I.Ciornei 将遗传算法和蚁群算法混合应用于全局优化问题求解。匡芳君将改进的粒子群优化算法和人工蜂群算法引入混沌优化算法、差分进化算法等多种智能优化算法，并应用于入侵检测中。在模因计算框架下，唐德玉研究了几种混合群集智能优化算法。鄢小虎等将和声搜索算法和粒子群优化算法混合用于并行软硬件划分。徐东方等将混合智能优化算法求解高维复合体函数优化问题。G.Sun 等将万有引力算法和遗传算法结合用于图像分割中多维阈值优化求解。W. Xiang 等将人工蜂群算法和差分进化算法进行混合。P. D. Guo 等将混合算法和极限学习机用于两阶段生产配送设施选址问题。N. H. Awad 等将差分进化算法和文化算法应用数值优化问题求解。

总的来看，无论是从理论研究还是从实践应用的角度出发，混合智能优化算法发展迅猛，特别是近 10 年来，新提出的智能优化算法有数十种之多，如何将这些算法取长补短，提高混合算法的性能，还有待进一步研究。

1.3 图像处理与分析概述

图像作为人类感知世界的视觉基础，是人类获取信息、表达信息和传递信息的重要手段。数字图像处理，即用计算机对图像进行处理。数字图像处理技术源于 20 世纪 20 年代，当时通过海底电缆从英国伦敦到美国纽约传输了一张照片，采用了数字压缩技术。首先数字图像处理技术可以帮助人们更客观、准确地认识世界，人的视觉系统可以帮助人类从外界获取 3/4 以上的信息，而图像、图形又是所有视觉信息的载体，尽管人眼的鉴别力很高，可以识别上千种颜色，但很多情况下，图像对于人眼来说是模糊的，甚至是不可见的，通过图像增强技术，可以使模糊甚至不可见的图像变得清晰明亮。

图像分析是实现机器视觉研究方向的基础之一，包含图像增强、图像融合、图像识别和图像检索等诸多技术，近年成为人工智能领域的一个重要应用研究领域，因为它是人工智能中感知系统最重要的部分，支撑着智能机器人、智慧医疗、智慧城市等诸多行业和领域的发展，是与人工智能协同发展和有机联系的最重要研究方向，图像处理与分析主要包括以下内容。

（1）图像变换。由于图像阵列很大，直接在空间域中进行处理，涉及计算量很大。因此，往往采用各种图像变换的方法，如傅立叶变换、沃尔什变换、离散余弦变换等间接处理技术，将空间域的处理转换为变换域处理，不但可减少计算量，而且可获得更有效的处理（如傅立叶变换可在频域中进行数字滤波处理）。目前，新兴研究的小波变换在时域和频域中都具有良好的局部化特性，它在图像处理中也有着广泛而有效的应用。

（2）图像编码压缩。图像编码压缩技术可减少描述图像的数据量（比特数），以便节省图像传输、处理时间和减少所占用的存储器容量。压缩可以在不失真的前提下获得，也可以在允许的失真条件下进行。编码是压缩技术中最重要的方法，它在图像处理技术中是发展最早且比较成熟的技术。

（3）图像增强和复原。图像增强和复原的目的是提高图像的质量，如去除噪声、提高图像的清晰度等。图像增强不考虑图像降质的原因，突出图像中所感兴趣的部分。例如，强化图像高频分量，可使图像中物体轮廓清晰、细节明显，如强化低频分量可减少图像中噪声影响。图像复原要求对图像降质的原因有一定的了解，一般来讲应根据降质过程建立"降质模型"，再采用某种滤波方法，恢复或重建原来的图像。

（4）图像分割。图像分割是数字图像处理中的关键技术之一。图像分割是将图像中有意义的特征部分提取出来，其有意义的特征有图像中的边缘、区域等，这是进一步进行图像识别、分析和理解的基础。虽然目前已研究出不少边缘提取、区域分割的方法，但还没有一种普遍适用于各种图像的有效方法。因此，对图像分割的研究还在不断深入之中，是目前图像处理中研究的热点之一。

（5）图像描述。图像描述是图像识别和理解的必要前提。作为最简单的二值图像可采用其几何特性描述物体的特性，一般图像的描述方法采用二维形状描述，它有边界描述和区域描述两类方法。对于特殊的纹理图像可采用二维纹理特征描述。随着图像处理研究的深入发展，已经开始进行三维物体描述的研究，提出了体积描述、表面描述、广义圆柱体描述等方法。

（6）图像分类（识别）。图像分类（识别）属于模式识别的范畴，其主要内容是图像经过某些预处理（增强、复原、压缩）后，进行图像分割和特征提取，从而进行判决分类。图像分类（识别）常采用经典的模式识别方法，有统计模式分类和句法（结构）模式分类两种，近年来新发展起来的模糊模式识别和人工神经网络模式分类在图像（分类）识别中也越来越受到重视。

近年来，随着群智能优化算法的发展和推广应用，其在图像处理领域得到了较好应用，成为求解图像问题的有力工具。例如，图像增强、图像重构、图像恢复、图像边缘检测、图像配准、图像分割和图像编码等，较好地解决了传统图像处理方法的瓶颈问题，使图像处理的效果再上一个台阶。但是随着图像技术应用领域的扩大和智能机器人感知系统的更高需求，对图像处理与分析的优化方法也提出了新的更高的要求。例如，在图像边缘提取时为了使系统输出具有最小的不确定性，如何考虑最优化判据；对于多峰图像如何极小化一个能量函数插值出所需要的阈值曲面，进而实现最优的图像分割，等等。另外，近年来随着群智能优化算法的发展，越来越多的优化求解性能更加优异的群智能优化算法被提出，将其引入图像分析的应用中以便获得更佳的效果十分必要，同时这些优化算法各有特点和利弊，根据图像分析问题的不同，选择最佳的优化算法也是一个非常关键的问题。所有这些问题的存在迫切地需要我们系统地研究群智能优化算法在图像工程中的应用问题，使其更好地解决实际问题。

1.4 本书主要研究的内容和结构

随着数字图像处理技术的迅速发展，数字图像处理在军事、医学、工业生产、遥测遥控等领域的应用也越来越广泛。图像信息特征的复杂性和多样性越来越明显，对图像信息的处理也变得越来越困难。图像信息的不确定性以及建模困难等问题，使传统的单一智能优化方法在解决复杂的图像处理问题时变得无能为力。混合智能优化算法可以更加有效地求解复杂的优化问题。将混合智能优化算法应用于解决复杂的图像处理问题具有很好的发展前景。本书主要研究内容如下。

第 2 章 智能优化算法及其混合模式。本章结合遗传算法、差分进化算法、粒子群优化算法、人工蜂群算法、杜鹃搜索算法和萤火虫算法这 6 种智能优化算法，根据混合进化算法的策略，对 6 种串行混合算法和 6 种并行混合算法进行了仿真测试。

第 3 章 基于混合智能优化算法的自适应图像增强方法。本章使用了第 2 章中得到的混合算法中较优的 4 种算法以及 FPIO（前面板输入/输出）算法对非完全 Beta 函数灰度映射进行了优化。

第 4 章 基于混合智能优化算法的图像去噪方法。本章主要介绍了混合智能优化算法去除图像噪声的方法。首先，介绍了图像噪声的噪声来源并进行分类，给出相应的噪声模型。其次，列出了常见的噪声模型——高斯噪声和椒盐噪声，并给出了相应的滤波器方法。最后，给出了两种混合智能优化算法除去图像噪声的方法，分别是遗传算法优化 BP 神经网络的图像去噪方法和粒子群混合遗传算法的图像去噪，实验结果表明去噪效果良好，缺陷是在时间上还有待改进。

第 5 章　基于混合智能优化算法的图像匹配方法。本章实现了基于混合智能优化算法的灰度图像模板匹配方法，通过使用混合算法中较优的 4 种混合算法，包括串行粒子群杜鹃搜索算法、串行差分进化杜鹃搜索算法、并行差分进化遗传算法、并行粒子群差分进化算法对灰度图像模板匹配进行了优化。与单一的优化算法相比，混合算法的性能较为均衡，均得出了较优的最优值。

第 6 章　基于混合智能优化算法的图像单阈值分割方法。本章首先介绍了一些常见的图像单阈值分割方法，且在标准图像上进行了单阈值分割实验，并给出了相应的分割结果；其次着重介绍了混合智能优化算法在图像单阈值 Otsu 分割方法中的应用。

第 7 章　基于混合智能优化算法的图像多阈值分割方法。本章使用了混合算法中较优的 4 种算法对不同维度的 Otsu 分割进行了优化。

第 8 章　基于混合智能优化算法的图像聚类分割方法。本章基于 KH 算法对 FCM 算法做出了改进：用磷虾群算法优化 FCM 算法的初始聚类中心，通过一定次数的迭代，更新每个磷虾个体的诱导运动、觅食运动、随机扩散三个运动分量。选出最优的种群个体作为 FCM 算法的初始聚类中心，然后通过 FCM 算法求出最终的分类结果。

第 9 章　基于自然计算的高光谱图像降维方法。本章主要介绍了高光谱图像降维的概念与波段选择的几种常用方法，简要阐述了高光谱图像降维方法在实际应用中的目的与意义，并对基于 IGSA 算法的高光谱图像波段选择方法进行了详细阐述，通过实验与结果分析，证明了本章所述波段选择方法的有效性与性能优势。

第 10 章　基于混合智能优化算法的图像特征抽取方法。图像特征是图像的重要依据之一，可以运用到图像分类、分割等不同的应用场景，而图像特征提取可以抽象成为一个优化问题，为了解决这个问题，许多研究者提出了众多的智能优化算法，经过多年的研究，研究者不断地改进已有的优化算法，本章内容主要针对几种常见的智能优化算法，提出了通用的算法混合模型，并应用在图像特征提取上，结果表明，虽然混合智能优化算法的每代计算时间长于普通优化算法，但是收敛速度大大提高，具有一定的研究价值。

第 11 章　基于自然计算的一体优化 SVM 图像分类方法。对于 SVM 分类器，所使用的特征和参数对其性能有重要的影响，本章利用改进的 BACO 算法对 SVM 和特征选择与参数优化问题进行同步求解，获得整体性能最优的 SVM 并应用于遥感图像分类；并进一步利用 IGSA 算法对 SVM 和波段选择与参数优化问题进行同步求解，获得整体性能最优的 SVM 并应用于多光谱遥感图像分类，实验结果证明了本书方法的有效性。

第 2 章

智能优化算法及其混合模式

一般来说，单一的自然算法一般都会存在某种缺陷，因此，如何结合这些自然算法的优点，构建混合智能优化算法一直以来是自然计算领域研究的重要课题。例如，结合粒子群优化算法和杜鹃搜索算法的各自优点，Ghodrati 提出了一种改进杜鹃搜索算法（ICS）。其基本思想如下：在一次迭代寻优的过程中，先用杜鹃搜索算法（CS 算法）对鸟巢位置进行更新，然后用粒子群优化算法（PSO 算法）随机对鸟巢位置进行扰动，使 CS 算法拥有更好的寻优能力，ICS 算法流程如图 2.1 所示。

分析 ICS 算法步骤可知，ICS 算法在标准 CS 算法的基础上，采用 PSO 算法对 CS 算法得到的鸟巢位置进行随机扰动，由于 PSO 算法拥有较快的收敛速度和极高的运行效率，使得整个算法的运算时间始终保持稳定。另外，小范围的随机扰动，使鸟巢位置不断向最优值的方向靠近，进一步避免了局部最优值的产生。整个运算过程，算法只需很少的迭代过程即可收敛于最优值。与标准 CS 算法相比，ICS 算法的收敛效率不仅没有降低，还得到了一定程度的提高。分析 ICS 算法可知，它是一种串行的混合模式，智能优化算法能够混合的方式很多，本章重点讨论智能优化算法混合模式，并对这些混合模式进行测试。

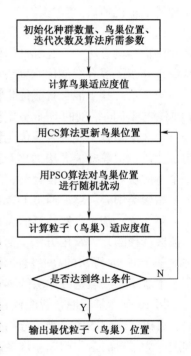

图 2.1　ICS 算法流程

2.1　智能优化算法的混合策略

本书中算法的混合方式主要有两种：串行（serial）混合和并行（parallel）混合。算法的串行混合即在算法的运行过程中，将迭代次数分为数段，依次使用不同的优化算法来对问题进行求解。算法的并行混合则是在算法运行中，将群体分为数个不同的种群，每个种群使用不同的算法来求解问题。

串行混合算法的整个过程中，串行的各算法的种群数为群体中个体的总数，各算法的迭代次数之和等于串行混合算法的总迭代次数。其流程如图 2.2 所示。

在串行混合算法的过程中，更换算法时会将当前的最优值作为新算法总群中的一个个体，以保持之前算法所取得的成果。如图 2.2 所示，算法运行至第 I_1 代时，串行混合算法中的算法 1 运行完毕，在算法 2 开始时将算法 1 所得出的最优值作为算法 2 的种群中的一个个体，其余的个体随机生成，依次类推。

在并行混合算法的整个过程中，并行的各算法的种群数之和为群体中个体的总数，而各算法的迭代次数与总迭代次数相同。其流程如图 2.3 所示。

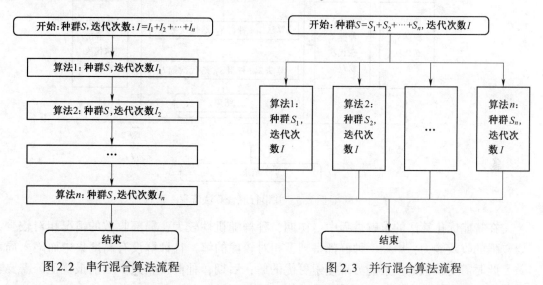

图 2.2　串行混合算法流程　　　　图 2.3　并行混合算法流程

在并行混合算法的过程中，每一次迭代都会将各算法所获得的最优值作为全局最优值，以共享各算法所取得的成果。如图 2.3 所示，算法运行至第 i 代时，并行混合算法中的算法 1 获得的最优值为 A_{1i}，算法 2 获得的最优值为 A_{2i}，算法 k 获得的最优值为 A_{ki}，算法 n 获得的最优值为 A_{ni}，则将所有算法中的最优值作为当前的全局最优值，即 $g\mathrm{Best}_i = \mathrm{best}\{A_{1i}, A_{2i}, \cdots, A_{ni}\}$。

将已有的基本串行混合算法与基本并行混合算法进行串行混合或并行混合，可以得出复杂的串并行混合算法。

当串行混合算法中的某个算法为并行混合算法时，其流程如图 2.4 所示，算法 2 为两个基础算法并行混合的情况。

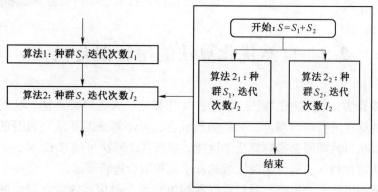

图 2.4　串并行混合算法流程

当并行混合算法中的某个算法为串行混合算法时，其流程如图 2.5 所示。

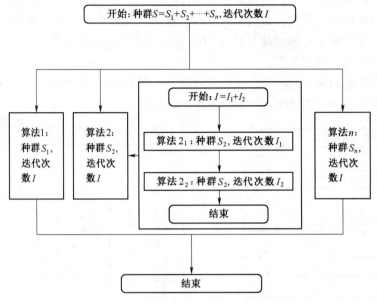

图 2.5　并串行混合算法流程

在智能优化算法的求解过程中：初期，种群随机性较大，局部收敛的情况相对较少，需要较强的收敛能力；中期，种群都得到了相对较优的解，且种群没有高度集中而陷入局部收敛，此时需要较强的搜索能力来搜索更优的解；后期，种群多收敛于当前最优值，需要较强的跳出局部最优能力来跳出当前的收敛值。

串行混合算法时，在初期应选择收敛性较强的算法，快速得出相对较优的结果；中期应选择搜索能力较强的算法，在之前的较优结果的基础上搜寻更好的结果；算法后期则要选择有较强跳出局部最优能力的算法来进一步提升搜寻更好的结果。

并行混合算法时，应使混合后的算法的收敛性、搜索能力和跳出局部最优能力均较强，即所选并行混合的算法中，至少有一种算法有较强的收敛性，至少有一种算法有较强的搜索能力，同时至少有一种算法有较强的跳出局部最优能力。

根据常用智能优化算法的特点，可将智能优化算法的收敛性、搜索能力和跳出局部最优能力分为强、中、弱三个层次。由上述的规则可以得出相应的串行混合算法和并行混合算法。

2.2　自然优化算法的串行混合模式

本节对遗传算法、差分进化算法、粒子群优化算法、人工蜂群算法、杜鹃搜索算法和萤火虫算法这 6 种算法进行串行混合。如果随机混合，且不考虑某算法与自身的串行，串行混合时，算法依次执行的顺序会影响算法的性能，串行两个算法可能有 $C_6^2 \times 2 = 30$ 种，由于时间和篇幅，无法对每种算法进行实验，故选取了几种组合进行测试。

根据 2.1 节的串行混合策略，我们可以得知串行混合时应将收敛性较强的优化算法放在前，搜索能力强的算法和跳出局部最优能力强的算法放在后。同时由于收敛性强的算法在算法初期已经收敛，考虑算法群体可能已经高度聚集于解空间的某一点，在某一算法结束而另一算法开始的时候应考虑各算法的特性，假设算法 1 结束后算法 2 开始，其串行混合算法的交接来进行信息共享时有以下几种策略：

（1）算法 1 结束后将当前算法的最优值传给算法 2 的某个个体，算法 2 将其他的个体在解空间内随机初始化，然后算法 2 开始优化过程。

（2）算法 1 结束后将当前的最优值传给算法 2 的某一个指定个体之后，在算法 1 的种群中随机选择数个个体，并将这些个体得到的解传递给算法 2 中的除去得最优值的个体之外的其他个体。算法 2 中的每个个体只会收到一个算法 1 中个体的解，没有获得算法 1 中个体解的算法 2 的个体将在其解空间内随机初始化。

（3）算法 1 结束后，其群体中所有个体的解传递给算法 2 中的对应个体，然后算法 2 开始运行。

策略（1）中只传递了算法 1 的最优值，而算法 2 群体的其他随机初始化，能够有效地避免算法 1 中个体局部收敛对算法 2 的影响，同时其操作相对简单。但其缺点是若算法 1 并未局部收敛而算法 2 有较强的跳出局部最优能力时，该策略放弃了算法 1 中的最优值，可能会降低总体的优化精度。

策略（2）中除传递最优值外仍传递了部分个体的解，保留了个体的部分较优值。其缺点是若算法 1 局部收敛较为集中时，算法 1 传递给算法 2 的值相差不大，当算法 2 跳出局部最优能力较差时，混合算法仍有较大可能再次陷入局部最优。

策略（3）中传递了算法 1 中的所有的个体的值，若算法 1 和算法 2 易陷入局部最优且不具备跳出局部最优能力时，混合算法仍易陷入局部最优。但当算法 2 有着较强的跳出局部最优能力或者算法 1 不易陷入局部最优时，混合算法将获得较好的结果。

本章使用了策略（1）来对各算法进行串行混合。表 2.1 中给出了串行两种算法的算法列表。

表 2.1　串行混合算法列表

串行混合算法	算法 1	算法 2
串行粒子群杜鹃搜索算法（S_PSO_CS）	粒子群优化算法（PSO）	杜鹃搜索算法（CS）
串行粒子群人工蜂群算法（S_PSO_ABC）	粒子群优化算法（PSO）	人工蜂群算法（ABC）
串行遗传差分进化算法（S_GA_DE）	遗传算法（GA）	差分进化算法（DE）
串行萤火虫差分进化算法（S_FA_DE）	萤火虫算法（FA）	差分进化算法（DE）
串行萤火虫杜鹃搜索算法（S_FA_CS）	萤火虫算法（FA）	杜鹃搜索算法（CS）
串行差分进化杜鹃搜索算法（S_DE_CS）	差分进化算法（DE）	杜鹃搜索算法（CS）

表 2.1 中的算法 1 大多有着较强的收敛性或者搜索能力，而对应的算法 2 则有着较强的跳出局部最优能力或者搜索能力。

■ 2.2.1　串行粒子群杜鹃搜索算法仿真测试

表 2.2 给出了串行粒子群杜鹃搜索算法的测试结果，并对比了粒子群优化算法和杜鹃搜索算法的测试结果。表格中的数据为 50 次测试的统计结果。

表 2.2　串行粒子群杜鹃搜索算法测试结果对比

函数	算法	最优值	最差值	均值	标准差	时间/ms
F1	S_PSO_CS	112.022	21 737.1	5 937.94	5 784.413	8 647
	PSO	114.119	3.67E+09	1.20E+08	5.86E+08	**2 639**
	CS	**104.114**	**10 072.4**	**3 635.09**	**3 193.932**	14 098
F2	S_PSO_CS	352.111	468.544	397.962	30.017 74	8 601
	PSO	**200.739**	**203.577**	**201.931**	**0.645 03**	**2 559**
	CS	9 609.55	18 101.5	13 090	2 134.436	14 056
F3	S_PSO_CS	314.702	**324.655**	321.526	2.029 965	510 692
	PSO	**311.526**	331.21	**319.737**	4.090 494	**428 730**
	CS	315.695	325.275	321.653	**1.690 094**	560 379
F4	S_PSO_CS	**817.627**	3 853.27	**2 208.94**	746.976 6	12 929
	PSO	2 303.28	4 361.89	3 257.68	**559.013 9**	**6 225**
	CS	1 122.87	**3 688.51**	2 539.11	693.491	18 878
F5	S_PSO_CS	500.863	501.403	501.098	**0.112 971**	102 507
	PSO	**500.06**	**500.655**	**500.267**	0.131 471	**83 714**
	CS	500.477	501.085	500.799	0.136 314	116 800
F6	S_PSO_CS	**600.22**	600.502	**600.356**	0.056 456	8 695
	PSO	600.225	600.727	600.399	0.107 174	**2 674**
	CS	600.294	**600.487**	600.38	**0.046 482**	13 995
F7	S_PSO_CS	700.158	700.364	**700.238**	0.048 15	8 655
	PSO	**700.157**	700.565	700.281	0.097 653	**2 655**
	CS	700.19	**700.361**	700.272	**0.034 801**	14 309
F8	S_PSO_CS	811.177	816.385	813.825	**1.270 07**	10 307
	PSO	**802.196**	**812.782**	**805.108**	2.844 442	**4 013**
	CS	809.404	815.684	812.908	1.270 719	15 841
F9	S_PSO_CS	910.636	**912.571**	911.747	0.419 12	10 444
	PSO	**910.113**	913.195	**911.589**	0.708 045	**4 123**
	CS	911.58	912.58	912.087	**0.228 113**	16 007
F10	S_PSO_CS	47 225.5	411 212	183 589	83 737.89	12 269
	PSO	**8 914.58**	**89 192.3**	**33 326.2**	**18 584.02**	**5 587**
	CS	134 609	697 155	364 996	134 086	18 243
F11	S_PSO_CS	1 113.43	1 121.53	1 117.82	1.591 336	110 255
	PSO	**1 111.71**	1 179.32	1 118.22	9.093 417	**87 741**
	CS	1 112.9	**1 119.7**	**1 116.87**	**1.389 312**	123 058

函数	算法	最优值	最差值	均值	标准差	时间/ms
F12	S_PSO_CS	**1 266.58**	1 654.74	1 437.12	82.235 69	21 008
	PSO	1 249.97	2 226.56	1 643.2	191.561 8	**13 199**
	CS	1 267.76	**1 590.07**	**1 425.63**	**73.096 77**	27 853
F13	S_PSO_CS	**1 627.64**	**1 627.64**	**1 627.64**	**4.55E−13**	29 037
	PSO	**1 627.64**	1 642.49	1 629.11	3.084 72	**21 830**
	CS	**1 627.64**	**1 627.64**	**1 627.64**	**4.55E−13**	35 601
F14	S_PSO_CS	1 600.15	1 628.99	**1 614.64**	5.458 551	26 478
	PSO	**1 600**	1 698	1 624.8	21.297 38	**17 937**
	CS	1 613.04	**1 622.4**	1 618.23	**2.150 912**	33 901
F15	S_PSO_CS	1 910.92	**2 360.08**	2 177.9	**124.749 4**	567 000
	PSO	**1 901.95**	2 497.47	2 242.18	130.380 1	**464 458**
	CS	1 925.65	2 379.23	**2 087.27**	171.460 9	645 640

从表 2.2 中可以看出，串行粒子群杜鹃搜索算法仅在 F4、F6、F7、F14 这 4 个测试函数中得到了优于粒子群优化算法和杜鹃搜索算法的均值结果，与这两者之间的差距不大。在测试函数 F5 和 F8 上，串行粒子群杜鹃搜索算法的结果要差于这两种算法。在其他函数上的测试结果则位于粒子群优化算法和杜鹃搜索算法之间。串行粒子群杜鹃搜索算法在 F1、F4、F6、F7、F11、F12、F13、F14、F15 这 9 个测试函数上得到了优于粒子群优化算法的结果，而在 F2、F3、F4、F6、F7、F9、F10、F14 这 8 个测试函数上得到的结果优于杜鹃搜索算法的优化结果。时间上，串行粒子群杜鹃搜索算法的运行时间约为粒子群优化算法和杜鹃搜索算法运行时间的均值。

图 2.6 给出了串行粒子群杜鹃搜索算法在这 15 个测试函数上的 50 次实验优化曲线的均值曲线，同时给出了粒子群优化算法和杜鹃搜索算法的优化均值曲线作对比。

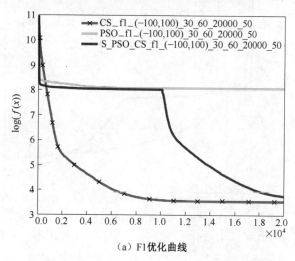

（a）F1 优化曲线

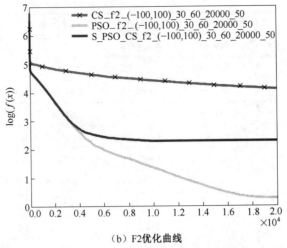

（b）F2优化曲线

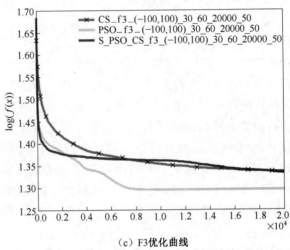

（c）F3优化曲线

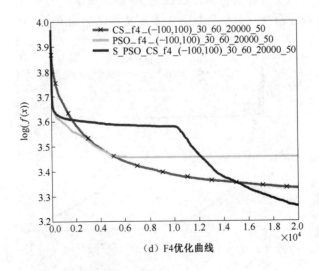

（d）F4优化曲线

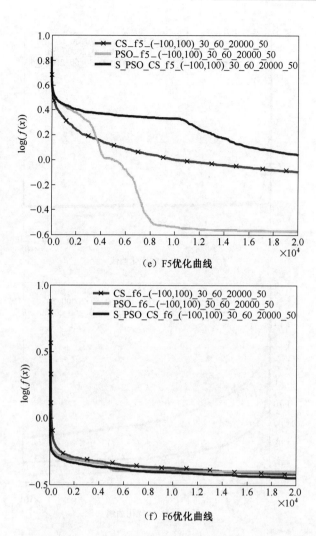

（e）F5优化曲线

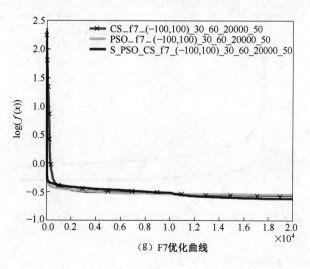

（f）F6优化曲线

（g）F7优化曲线

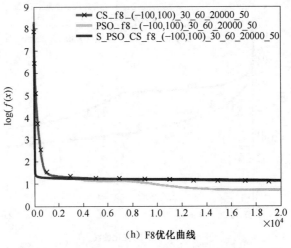

（h）F8优化曲线

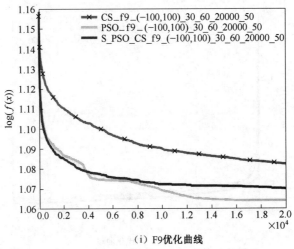

（i）F9优化曲线

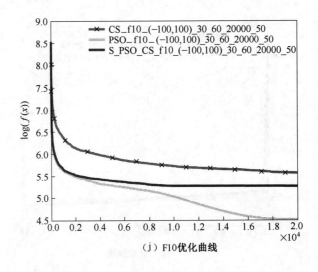

（j）F10优化曲线

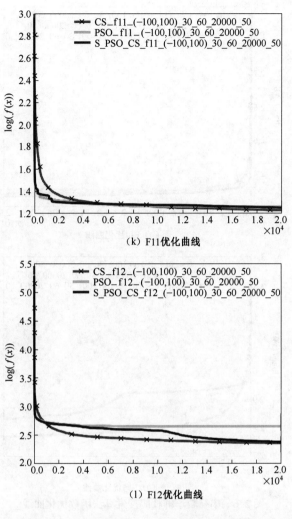

（k）F11优化曲线

（l）F12优化曲线

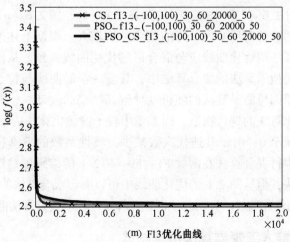

（m）F13优化曲线

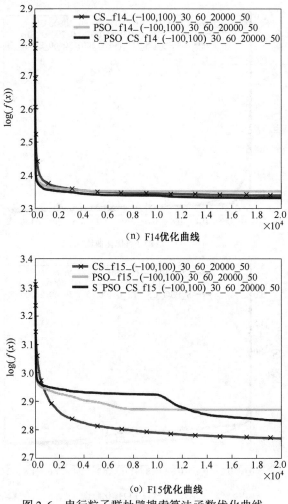

（n）F14优化曲线

（o）F15优化曲线

图 2.6　串行粒子群杜鹃搜索算法函数优化曲线

从图 2.6（a）、图 2.6（d）、图 2.6（e）、图 2.6（l）、图 2.6（o）中可以明显看出，其优化曲线前半段下降的趋势与后半段下降的趋势差别较大。根据上述的串行混合策略，串行混合算法中的第一种算法的优化曲线应与混合后的优化曲线一致。从图 2.6 中可以发现由粒子群优化算法串行杜鹃搜索算法的混合算法中，其前一半的曲线与粒子群优化算法的优化曲线有一定的差别。其原因可能是算法的随机性导致其结果的波动，也有可能是串行混合算法中，改变了粒子群优化算法的迭代次数，而本章中粒子群优化算法的惯性系数 $\omega = 1$，并随着迭代次数增加线性递减至 0，由于其迭代次数减少，惯性系数的下降梯度增加，对算法的优化结果产生了影响。串行混合算法在函数 F1、F9、F12 上的结果虽然没有同时优于粒子群优化算法和杜鹃搜索算法，但从图 2.6 的优化曲线中可以看出混合算法的优化曲线趋近于参与混合的两种算法中较优的优化曲线。说明粒子群优化算法与杜鹃搜索算法混合取得了较好的结果。

■ 2.2.2　串行粒子群人工蜂群算法仿真测试

表 2.3 给出了串行粒子群人工蜂群算法的测试结果，并对比了粒子群优化算法和人工蜂

群算法的测试结果。表格中的数据为 50 次测试的统计结果。

表 2.3 串行粒子群人工蜂群算法测试结果对比

函数	算法	最优值	最差值	均值	标准差	时间/ms
F1	S_PSO_ABC	101.211	7.74E+08	5.78E+07	1.56E+08	2 707
	PSO	114.119	3.67E+09	1.20E+08	5.86E+08	2 639
	ABC	**100.229**	**4 441.34**	**1 347.58**	**1 278.849**	**1 921**
F2	S_PSO_ABC	287.852	379.967	338.573	24.005 4	2 635
	PSO	**200.739**	**203.577**	**201.931**	**0.645 03**	2 559
	ABC	51 404.2	85 514.6	69 142	7 692.418	**1 882**
F3	S_PSO_ABC	310.805	**326.035**	**317.38**	**3.687 443**	444 803
	PSO	311.526	331.21	319.737	4.090 494	428 730
	ABC	**308.324**	329.002	320.644	4.668 806	**414 407**
F4	S_PSO_ABC	1 653.96	4 536.1	3 070.52	580.512 8	6 369
	PSO	2 303.28	**4 361.89**	3 257.68	**559.013 9**	6 225
	ABC	**849.499**	6 913.98	**2 695.72**	870.0571	**5 668**
F5	S_PSO_ABC	501.543	502.329	502.002	0.209 321	85 085
	PSO	**500.06**	**500.655**	**500.267**	**0.131 471**	83 714
	ABC	501.649	502.618	502.194	0.218 141	**81 878**
F6	S_PSO_ABC	**600.192**	**600.595**	**600.333**	**0.075 386**	2 691
	PSO	600.225	600.727	600.399	0.107 174	2 674
	ABC	600.262	600.862	600.561	0.173 412	**1 950**
F7	S_PSO_ABC	**700.153**	**700.606**	**700.277**	**0.096 254**	2 718
	PSO	700.157	700.565	700.281	0.097 653	2 655
	ABC	700.273	700.979	700.521	0.157 223	**1 951**
F8	S_PSO_ABC	813.048	819.251	815.694	**1.213 017**	4 094
	PSO	**802.196**	**812.782**	**805.108**	2.844 442	4 013
	ABC	802.268	821.785	810.273	7.242 67	**3 400**
F9	S_PSO_ABC	910.732	**913.038**	911.787	0.513 402	4 232
	PSO	**910.113**	913.195	**911.589**	0.708 045	4 123
	ABC	912.815	913.423	913.152	**0.133 578**	**3 338**
F10	S_PSO_ABC	36 695.3	32 9816	143 503	69 899.02	5 711
	PSO	8 914.58	**89 192.3**	**33 326.2**	**18 584.02**	5 587
	ABC	**4 453.97**	341 316	54 376.2	59 521.05	**4 907**
F11	S_PSO_ABC	**1 109.31**	1 186.37	**1 117.62**	10.270 48	91 756
	PSO	1 111.71	1 179.32	1 118.22	9.093 417	87 741
	ABC	1 115.94	**1 124.79**	1 120.23	**2.240 725**	**85 341**

续表

函数	算法	最优值	最差值	均值	标准差	时间/ms
F12	S_PSO_ABC	1 273.26	**1 724.72**	**1 457.53**	**104.727 4**	13 459
	PSO	**1 249.97**	2 226.56	1 643.2	191.561 8	13 199
	ABC	1 452.76	2 689.5	2 025.63	293.507 4	**12 591**
F13	S_PSO_ABC	**1 627.64**	1 658.47	1 630.78	6.155 943	22 056
	PSO	**1 627.64**	1 642.49	1 629.11	3.084 72	21 830
	ABC	**1 627.64**	**1 627.64**	**1 627.64**	**4.31E−13**	**21 253**
F14	S_PSO_ABC	**1 600**	**1 666.7**	**1 613.64**	**11.556 06**	18 578
	PSO	**1 600**	1 698	1 624.8	21.297 38	17 937
	ABC	1 604.43	1 684.45	1 625.94	16.310 97	**17 623**
F15	S_PSO_ABC	1 902.65	**2 372.47**	**2 187.38**	**114.797 6**	497 777
	PSO	1 901.95	2 497.47	2 242.18	130.380 1	464 458
	ABC	**1 879.28**	2 602.69	2 236.13	153.568 7	**455 403**

从表 2.3 中可以得知，串行粒子群人工蜂群算法在 F3、F6、F7、F11、F12、F14、F15 测试函数上的优化结果优于单一的粒子群优化算法和人工蜂群算法，但对比优化结果可以得知，该串行混合算法的优势并不明显。但在 F8、F10、F13 这 3 个测试函数上，串行粒子群人工蜂群优化算法的结果差于粒子群优化算法和人工蜂群算法，且与这两种算法的优化结果有着不小的差距。可以看出串行混合后的粒子群优化算法与人工蜂群算法在单一的测试函数上的优化结果没有明显提升，而在混合函数及复合函数上的优化结果提升较为明显。

图 2.7 给出了串行粒子群人工蜂群算法在这 15 个测试函数上的 50 次实验优化曲线的均值曲线，同时给出了粒子群优化算法和人工蜂群算法的优化均值曲线作对比。

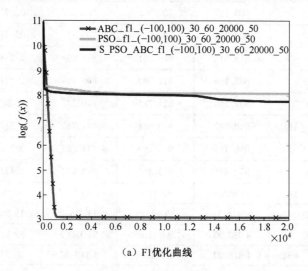

（a）F1优化曲线

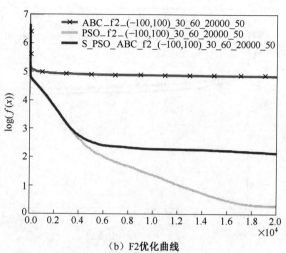

（b）F2优化曲线

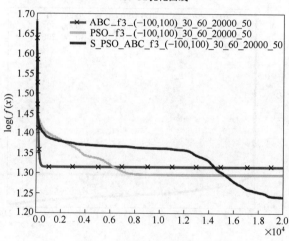

（c）F3优化曲线

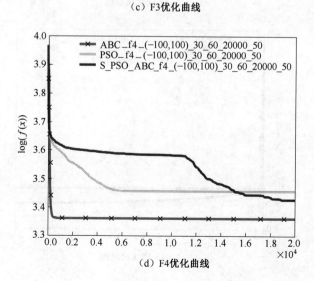

（d）F4优化曲线

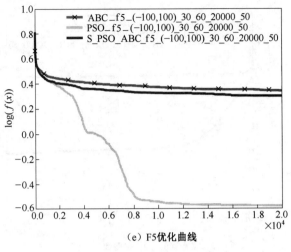

（e）F5优化曲线

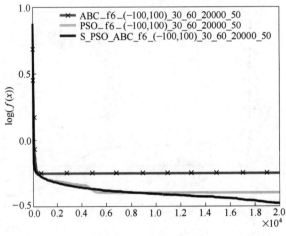

（f）F6优化曲线

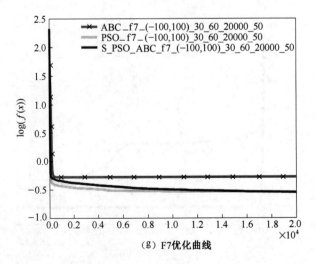

（g）F7优化曲线

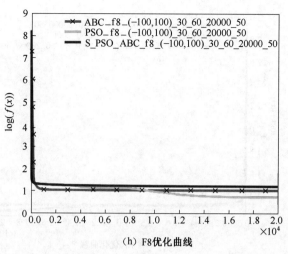

（h）F8优化曲线

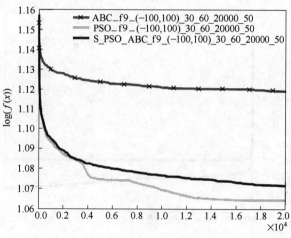

（i）F9优化曲线

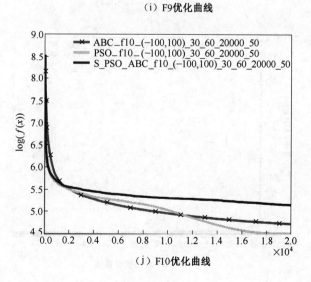

（j）F10优化曲线

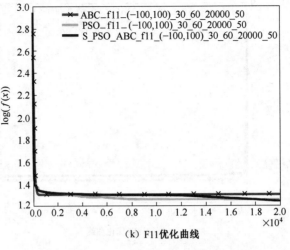

(k) F11优化曲线

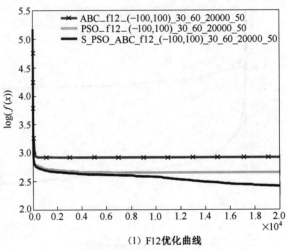

(l) F12优化曲线

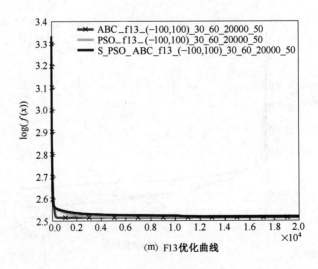

(m) F13优化曲线

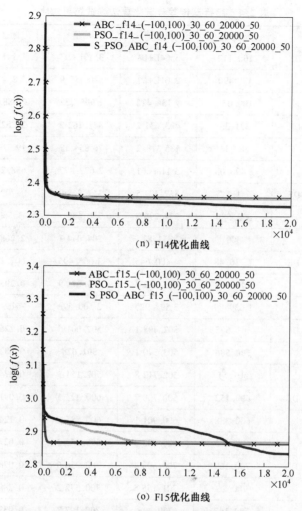

图 2.7　串行粒子群人工蜂群算法函数优化曲线

从图 2.7（c）、图 2.7（d）、图 2.7（l）、图 2.7（o）上可以明显看出在串行混合算法过程中改变算法后算法的优化曲线与之前的曲线有着不同的下降趋势，说明算法的串行混合在一定程度上改变了算法的搜索能力和跳出局部最优能力。从图 2.7（a）、图 2.7（d）、图 2.7（e）中可以看出混合后的算法的优化曲线仅略优于粒子群优化算法和人工蜂群优化算法中的较差者。由于粒子群优化算法有着较强的搜索能力但没有跳出局部最优能力，人工蜂群算法有着一定的跳出局部最优能力，但其局部搜索能力相对较弱。串行混合后的算法在局部最优较多且分布较为复杂的函数上优化能力有了较大的提升，而在局部最优分布较为简单的函数上，该串行混合损失了原始算法的部分搜索能力，所以在单一的测试函数上，该混合算法并未得到更优的结果。

■ 2.2.3　串行遗传差分进化算法仿真测试

表 2.4 给出了串行遗传差分进化算法的测试结果，并对比了遗传算法和差分进化算法的测试结果。表格中的数据为 50 次测试的统计结果。

表 2.4　串行遗传差分进化算法测试结果对比

函数	算法	最优值	最差值	均值	标准差	时间/ms
F1	S_GA_DE	100.112	6.64E+08	3.19E+07	1.14E+08	2 717
	GA	138 490	2.01E+07	850 655.9	2 834 510	**1 340**
	DE	**100.031**	**9 136.422**	**1 995.232**	**2 088.788**	2 334
F2	S_GA_DE	**271.35**	**403.631 2**	**341.162 2**	**28.825 85**	2 639
	GA	38 934	135 318.2	76 854.17	19 376.55	**1 243**
	DE	2 426.03	5 118.061	3 672.477	658.281 5	2 365
F3	S_GA_DE	312	327.327 5	317.868 9	3.702 582	442 917
	GA	323.586	338.296 3	330.688 3	3.560 18	**420 195**
	DE	**300**	**311.81**	**304.044 1**	**2.268 782**	433 794
F4	S_GA_DE	1 716.48	4 400.645	3 065.495	607.111 9	6 270
	GA	**400.464**	**401.782 3**	**401.011 9**	**0.293 725**	**4 726**
	DE	1 039.89	3 597.926	2 500.593	619.039	6 300
F5	S_GA_DE	501.575	**502.408 1**	502.001 6	**0.226 423**	85 015
	GA	**500.586**	503.370 1	**501.628**	0.683 435	**81 400**
	DE	501.51	502.712 8	502.154 3	0.274 659	83 562
F6	S_GA_DE	**600.152**	600.708 7	600.323 3	0.091 202	2 724
	GA	600.338	600.901 1	600.585 5	0.124 294	**1 346**
	DE	600.185	**600.308 3**	**600.253 3**	**0.027 409**	2 416
F7	S_GA_DE	700.169	700.603 4	700.256 6	0.078 973	2 691
	GA	700.26	701.155 5	700.572 2	0.288 843	**1 332**
	DE	**700.147**	**700.408**	**700.197 7**	**0.037 022**	2 408
F8	S_GA_DE	813.202	835.694 6	816.329	3.164 495	4 047
	GA	819.819	860.935 6	832.676	9.096 216	**2 447**
	DE	**812.703**	**816.126 9**	**814.725 5**	**0.824 973**	3 739
F9	S_GA_DE	**910.729**	913.433 7	**911.864 4**	0.542 244	4 117
	GA	912.545	913.866 3	913.251 5	0.293 028	**2 522**
	DE	912.19	**913.271 4**	912.958 6	**0.198 935**	3 935
F10	S_GA_DE	**31 958.5**	**313 343.3**	**156 404.8**	**69 459.48**	5 691
	GA	289 649	4 707 705	1 392 015	884 985.5	**4 312**
	DE	731 397	3 926 302	2 358 334	708 546.5	5 553
F11	S_GA_DE	1 111.4	**1 122.449**	**1 116.923**	**2.959 967**	91 422
	GA	1 116.64	1 215.891	1 132.773	25.311 86	**85 679**
	DE	**1 107.7**	1 131.84	1 119.999	5.164 908	87 652

函数	算法	最优值	最差值	均值	标准差	时间/ms
F12	S_GA_DE	**1 273.24**	**1 884.944**	**1 484.003**	**132.118**	13 400
	GA	1 426.57	2 423.677	1 873.456	259.9 594	**11 796**
	DE	1 544.3	2 231.069	1 925.847	134.986 2	13 161
F13	S_GA_DE	**1 627.64**	1 631.467	1 627.736	0.535 168	21 889
	GA	1 627.73	1 632.645	1 628.175	0.859 022	**21 081**
	DE	**1 627.64**	**1 627.642**	**1 627.642**	**5.18E-13**	21 730
F14	S_GA_DE	**1 600**	1 677.813	1 615.464	15.715 24	18 474
	GA	1 623.14	1 783.251	1 654.046	27.164 95	**17 048**
	DE	1 604.29	**1 614.87**	**1 607.682**	**2.852 589**	18 384
F15	S_GA_DE	1 902.7	2 432.618	2 173.841	142.069 1	496 113
	GA	2 327.38	2 793.788	2 628.834	98.752 63	489 228
	DE	**1 800**	**1 934.934**	**1 828.586**	**42.331 99**	**486 822**

由表 2.4 可以得知，串行遗传差分进化算法仅在 F2、F9、F10、F11、F12 上得到了优于另外两种算法的结果。而单一的差分进化算法在 F1、F3、F6、F7、F8、F13、F14、F15 上得到了较优的结果，且其优化结果明显优于串行遗传差分进化算法。说明串行遗传算法和差分进化算法混合出的算法相比单个算法其性能提升较小。由于遗传算法和差分进化算法同为进化算法，其优化过程并不直接依赖于当前的最优值，此时使用策略（1），全局最优值对混合算法整体的引导作用不明显。同时由于遗传算法的收敛性、搜索能力、跳出局部最优能力均一般，而差分进化算法没有跳出局部最优能力，差分进化算法在遗传算法的基础上进一步优化，其搜索精度会低于单一的差分进化算法。当用于串行的两种算法均为差分进化算法或者均不易陷入局部最优时，使用策略（2）或者策略（3）会有较好的效果。

■ 2.2.4　串行萤火虫差分进化算法仿真测试

表 2.5 给出了串行萤火虫差分进化算法的测试结果，并对比了萤火虫算法和差分进化算法的测试结果。表格中的数据为 50 次测试的统计结果。

表 2.5　串行萤火虫差分进化算法测试结果对比

函数	算法	最优值	最差值	均值	标准差	时间/ms
F1	S_FA_DE	101.011	9 666.52	**1 918.503**	1 963.917	3 842
	FA	100.191	**7 458.991**	2 117.672	**1 919.057**	3 163
	DE	**100.031**	9 136.422	1 995.232	2 088.788	**2 334**
F2	S_FA_DE	8 371.99	19 820.75	13 145.59	2 546.112	8 998
	FA	15 157.4	47 122.13	27 501.92	7 586.578	8 910
	DE	**2 426.03**	**5 118.061**	**3 672.477**	**658.281 5**	**2 365**

函数	算法	最优值	最差值	均值	标准差	时间/ms
F3	S_FA_DE	**300**	**305. 634 6**	**301. 887 8**	**1. 837 962**	441 590
	FA	300. 825	312. 704 3	307. 036 2	2. 241 885	**423 522**
	DE	**300**	311. 81	304. 044 1	2. 268 782	433 794
F4	S_FA_DE	1 461. 41	3 798. 723	2 796. 189	**551. 964 4**	6 771
	FA	1 698. 35	4 621. 233	2 867. 456	605. 040 1	**6 048**
	DE	**1 039. 89**	**3 597. 926**	**2 500. 593**	619. 039	6 300
F5	S_FA_DE	**500. 006**	500. 068 7	500. 026	0. 014 138	84 150
	FA	500. 008	**500. 053 3**	**500. 022 3**	**0. 012 614**	83 917
	DE	501. 51	502. 712 8	502. 154 3	0. 274 659	**83 562**
F6	S_FA_DE	600. 181	600. 341 9	600. 262 9	0. 039 91	3 338
	FA	**600. 102**	600. 471 7	600. 261 8	0. 076 783	2 757
	DE	600. 185	**600. 308 3**	**600. 253 3**	**0. 027 409**	**2 416**
F7	S_FA_DE	700. 16	**700. 283 7**	700. 227	**0. 025 75**	3 377
	FA	700. 226	700. 823 1	700. 355	0. 126 583	3 010
	DE	**700. 147**	700. 408	**700. 197 7**	0. 037 022	**2 408**
F8	S_FA_DE	802. 41	**806. 107 1**	**803. 726 9**	0. 855 45	4 802
	FA	**802. 16**	806. 405 4	803. 852 8	0. 944 319	4 137
	DE	812. 703	816. 126 9	814. 725 5	**0. 824 973**	**3 739**
F9	S_FA_DE	910. 916	**913. 263 5**	912. 614 3	0. 494 45	4 885
	FA	**910. 712**	913. 725 9	**912. 584 9**	0. 594 123	3 997
	DE	912. 19	913. 271 4	912. 958 6	**0. 198 935**	**3 935**
F10	S_FA_DE	137 640	2 554 212	549 875. 1	366 534	9 323
	FA	**42 024. 1**	**1 082 000**	**399 433. 7**	**237 181. 1**	10 889
	DE	731 397	3 926 302	2 358 334	708 546. 5	**5 553**
F11	S_FA_DE	1 111. 34	1 126. 186	**1 116. 397**	2. 698 389	89 297
	FA	1 111. 14	**1 120. 733**	1 116. 778	**1. 963 691**	**86 988**
	DE	**1 107. 7**	1 131. 84	1 119. 999	5. 164 908	87 652
F12	S_FA_DE	1 234. 49	1 948. 157	1 480. 542	153. 803 7	14 011
	FA	**1 231. 38**	**1 786. 433**	**1 449. 257**	143. 926	13 381
	DE	1 544. 3	2 231. 069	1 925. 847	**134. 986 2**	**13 161**
F13	S_FA_DE	**1 627. 64**	1 627. 642	1 627. 642	5. 08E−13	26 565
	FA	1 631. 96	1 672. 616	1 648. 268	10. 203 91	30 560
	DE	**1 627. 64**	**1 627. 642**	**1 627. 642**	5. 18E−13	21 730

续表

函数	算法	最优值	最差值	均值	标准差	时间/ms
F14	S_FA_DE	1 605.09	1 619.769	1 612.577	3.835 876	19 513
	FA	1 612.99	1 630.944	1 620.689	3.813 215	18 852
	DE	**1 604.29**	**1 614.87**	**1 607.682**	**2.852 589**	**18 384**
F15	S_FA_DE	**1 800**	1 959.786	**1 809.661**	**29.690 8**	**476 222**
	FA	1 804.66	2 055.075	1 918.535	58.791 47	488 650
	DE	**1 800**	**1 934.934**	1 828.586	42.331 99	486 822

　　从表 2.5 中可以看出，在 F1、F3、F8、F11、F13、F15 这 6 个测试函数上得到了优于萤火虫算法和差分进化算法的优化结果。在大多数不同时优于萤火虫算法和差分进化算法的测试函数上，串行萤火虫差分进化算法的结果与萤火虫算法和差分进化算法中的较优解非常接近。在单个算法对比上，该混合函数在 F1、F2、F3、F4、F7、F8、F10、F11、F13、F15 这 10 个测试函数上的优化结果优于单一的萤火虫算法；在 F1、F3、F5、F8、F9、F10、F11、F12、F13、F15 这 10 个测试函数上的结果优于差分进化算法。但该混合算法在 50 次实验中，只在 4 个测试函数上得到了最优的结果，说明混合后的算法性能更加均衡、稳定，但搜索精度有一定下降。

　　图 2.8 给出了串行萤火虫差分进化算法在这 15 个测试函数上的 50 次实验优化曲线的均值曲线，同时给出了萤火虫算法和差分进化算法的优化均值曲线作对比。

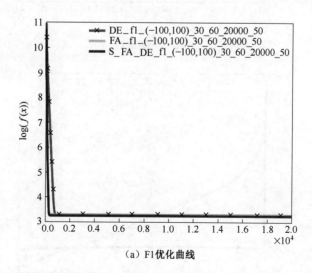

（a）F1 优化曲线

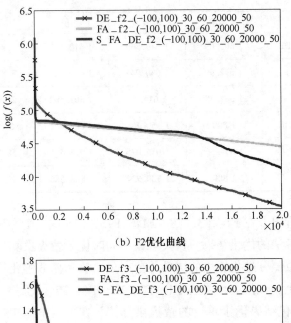

（b）F2优化曲线

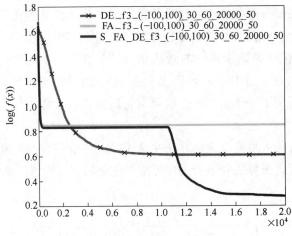

（c）F3优化曲线

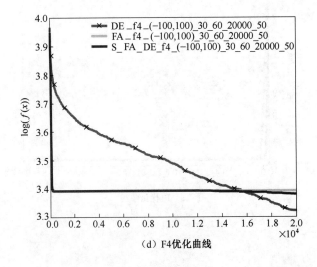

（d）F4优化曲线

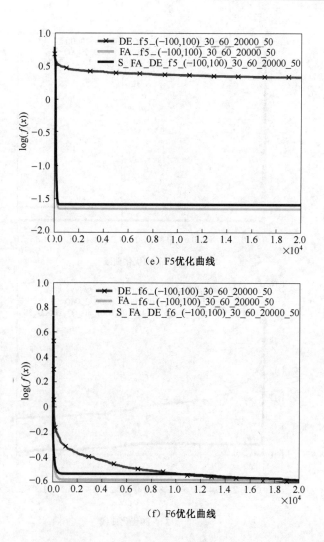

（e）F5优化曲线

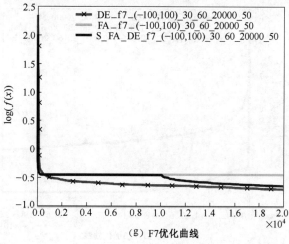

（f）F6优化曲线

（g）F7优化曲线

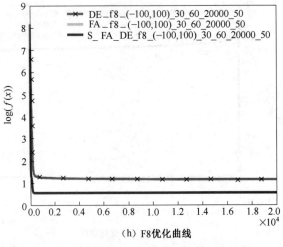

（h）F8优化曲线

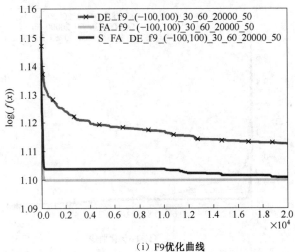

（i）F9优化曲线

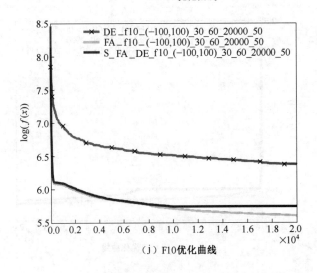

（j）F10优化曲线

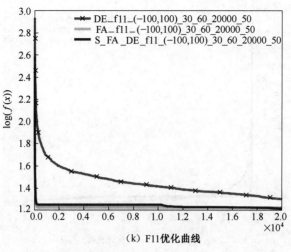

（k）F11优化曲线

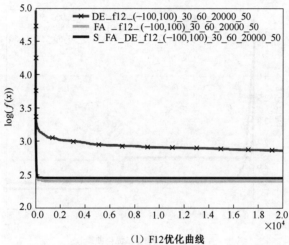

（l）F12优化曲线

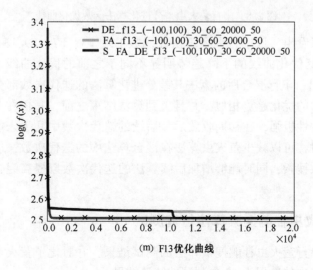

（m）F13优化曲线

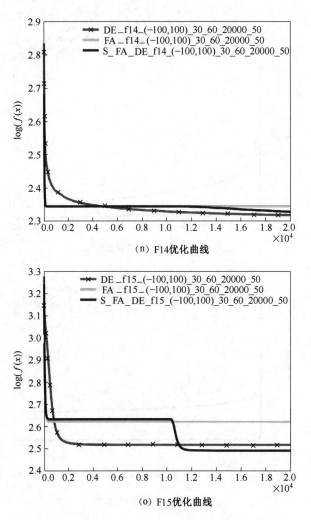

(n) F14优化曲线

(o) F15优化曲线

图 2.8 串行萤火虫差分进化算法函数优化曲线

从图 2.8 中可以看出，该串行混合算法在函数 F2、F3、F7、F9、F13、F15 上于迭代次数 10 000 代附近时其优化曲线的下降趋势明显不同于之前的优化曲线。从图 2.8（b）、图 2.8（g）上可以看出，串行混合后的算法其差分进化算法的迭代次数部分的优化曲线趋势与单一的差分进化算法的优化趋势相似，并且直到算法结束之前，其仍在不断地找到新解。由于萤火虫算法的收敛性极强，在初期收敛后，后续的迭代次数中几乎未能找到新解，所以在串行混合其他算法时，可以减少萤火虫算法在混合算法中的迭代次数，以减少萤火虫算法陷入局部最优后的无效搜索，同时能够增加后续算法的迭代次数以提高混合算法找到新解的可能性。

■ 2.2.5 串行萤火虫杜鹃搜索算法仿真测试

表 2.6 给出了串行萤火虫杜鹃搜索算法的测试结果，并对比了萤火虫算法和杜鹃搜索算法的测试结果。表格中的数据为 50 次测试的统计结果。

表 2.6　串行萤火虫杜鹃搜索算法测试结果对比

函数	算法	最优值	最差值	均值	标准差	时间/ms
F1	S_FA_CS	107.171	**6 675.67**	2 201.23	**1 892.325**	9 801
	FA	**100.191**	7 458.99	**2 117.67**	1 919.057	**3 163**
	CS	104.114	10 072.4	3 635.09	3 193.932	14 098
F2	S_FA_CS	11 852.3	35 519	22 979.2	5 026.797	14 879
	FA	15 157.4	47 122.1	27 501.9	7 586.578	**8 910**
	CS	**9 609.55**	**18 101.5**	**13 090**	2 134.436	14 056
F3	S_FA_CS	**300.397**	312.731	**306.275**	2.495 585	509 724
	FA	300.825	**312.704**	307.036	2.241 885	**423 522**
	CS	315.695	325.275	321.653	**1.690 094**	560 379
F4	S_FA_CS	**418.577**	2 925.86	**1 424.49**	598.056 9	13 348
	FA	1 698.35	4 621.23	2 867.46	605.040 1	**6 048**
	CS	1 122.87	3 688.51	2 539.11	693.491	18 878
F5	S_FA_CS	**500.006**	500.066	500.025	0.013 686	102 996
	FA	500.008	**500.053**	**500.022**	**0.012 614**	**83 917**
	CS	500.477	501.085	500.799	0.136 314	116 800
F6	S_FA_CS	600.138	**600.375**	**600.244**	0.052 48	9 362
	FA	**600.102**	600.472	600.262	0.076 783	**2 757**
	CS	600.294	600.487	600.38	**0.046 482**	13 995
F7	S_FA_CS	**700.161**	700.75	**700.266**	0.080 097	9 374
	FA	700.226	700.823	700.355	0.126 583	**3 010**
	CS	700.19	**700.361**	700.272	**0.034 801**	14 309
F8	S_FA_CS	802.292	808.694	803.921	1.087 959	11 160
	FA	**802.16**	**806.405**	803.853	0.944 319	**4 137**
	CS	809.404	815.684	812.908	1.270 719	15 841
F9	S_FA_CS	911.384	912.693	912.258	0.280 746	11 007
	FA	**910.712**	913.726	912.585	0.594 123	**3 997**
	CS	911.58	**912.58**	912.087	**0.228 113**	16 007
F10	S_FA_CS	95 608.6	779 775	404 690	172 848	16 068
	FA	**42 024.1**	1 082 000	399 434	237 181.1	**108 89**
	CS	134 609	**697 155**	364 996	**134 086**	18 243
F11	S_FA_CS	1 112.74	**1 118.94**	**1 116.77**	1.646 93	110 257
	FA	**1 111.14**	1 120.73	1 116.78	1.963 691	**86 988**
	CS	1 112.9	1 119.7	1 116.87	**1.389 312**	123 058

续表

函数	算法	最优值	最差值	均值	标准差	时间/ms
F12	S_FA_CS	**1 230.54**	**1 553.75**	**1 380.95**	87.957 79	21 726
	FA	1 231.38	1 786.43	1 449.26	143.926	**13 381**
	CS	1 267.76	1 590.07	1 425.63	**73.096 77**	27 853
F13	S_FA_CS	**1 627.64**	**1 627.64**	**1 627.64**	**4.55E-13**	**34 077**
	FA	1 631.96	1 672.62	1 648.27	10.203 91	30 560
	CS	**1 627.64**	**1 627.64**	**1 627.64**	**4.55E-13**	35 601
F14	S_FA_CS	**1 610.77**	1 625.62	1 618.8	3.172	27 347
	FA	1 612.99	1 630.94	1 620.69	3.813 215	**18 852**
	CS	1 613.04	**1 622.4**	**1 618.23**	**2.150 912**	33 901
F15	S_FA_CS	1 808.69	**2 017.89**	**1 909.15**	60.969 26	570 504
	FA	**1 804.66**	2 055.08	1 918.53	**58.791 47**	**488 650**
	CS	1 925.65	2 379.23	2 087.27	171.460 9	645 640

从表 2.6 中可以看出，串行萤火虫杜鹃搜索算法在 F3、F4、F6、F7、F11、F12、F15 上的优化结果优于单一的萤火虫算法和杜鹃搜索算法。其中，在 F4、F12 上的优化结果有着较大的提升。对比可知，该串行混合算法在 F2、F3、F4、F6、F7、F9、F11、F12、F13、F14、F15 这 11 个测试函数上的优化结果优于萤火虫算法，可以看出，在除 F10 外的每一个混合函数和复合函数上，该串行混合算法的优化结果均好于萤火虫算法，并且在较多的多峰函数上，其结果也优于萤火虫算法。在 F1、F3、F4、F5、F6、F7、F8、F11、F12、F15 这 10 个测试函数上，该串行混合算法的结果优于杜鹃搜索算法的优化结果。而在没有得到较优值的函数上，混合算法与较优值的差距相差不大。说明了串行混合萤火虫算法和杜鹃搜索算法后的算法对单一的萤火虫算法和杜鹃搜索算法的性能有较大的提升。

图 2.9 给出了串行萤火虫杜鹃搜索算法在这 15 个测试函数上的 50 次实验优化曲线的均值曲线，同时给出了萤火虫算法和杜鹃搜索算法的优化均值曲线作对比。

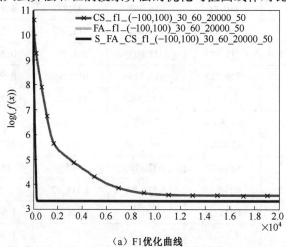

（a）F1 优化曲线

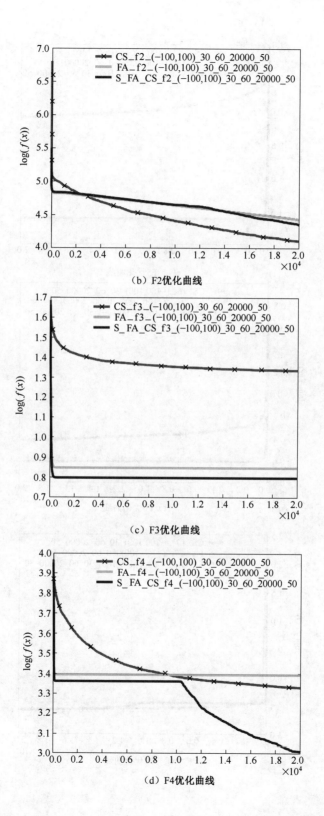

（b）F2优化曲线

（c）F3优化曲线

（d）F4优化曲线

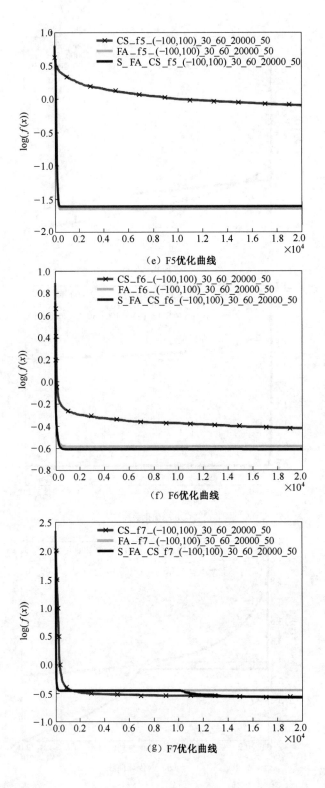

(e) F5优化曲线

(f) F6优化曲线

(g) F7优化曲线

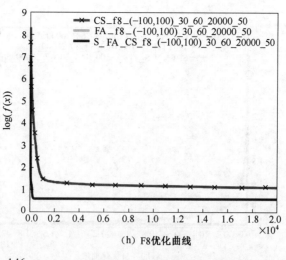

（h）F8优化曲线

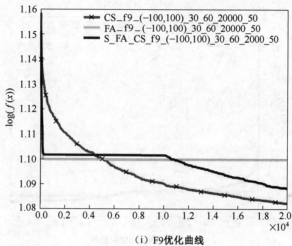

（i）F9优化曲线

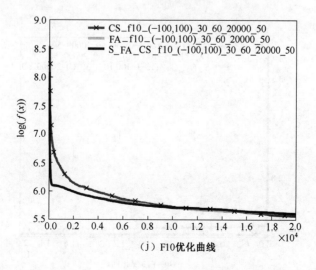

（j）F10优化曲线

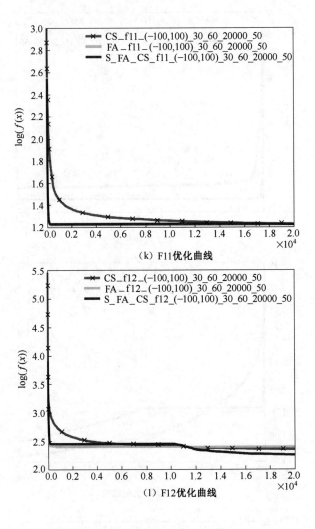

（k）F11优化曲线

（l）F12优化曲线

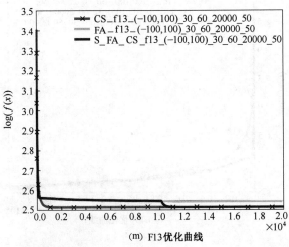

（m）F13优化曲线

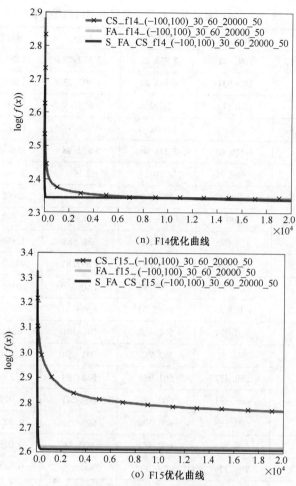

（n）F14优化曲线

（o）F15优化曲线

图 2.9　串行萤火虫杜鹃搜索算法函数优化曲线

从图 2.9（d）、图 2.9（i）、图 2.9（l）、图 2.9（m）中可以看出，在串行混合算法的后半段，杜鹃搜索算法在萤火虫算法的基础上找到了新解。同时在图 2.9（a）、图 2.9（c）、图 2.9（e）、图 2.9（f）、图 2.9（h）、图 2.9（k）、图 2.9（n）、图 2.9（o）上串行混合算法的优化曲线与萤火虫算法的优化曲线一致，在某些函数上其优化结果优于萤火虫算法和杜鹃搜索算法的优化结果，但从曲线可以看出，杜鹃搜索算法并没有改变其优化曲线的下降趋势，在这些函数上该混合算法搜索到优于萤火虫算法和杜鹃搜索算法的优化结果可能是由于随机数的不同使优化结果有一定误差。但仍可以看出混合后的算法在部分测试函数上优化结果有较大的提升。杜鹃搜索算法在萤火虫算法的基础上跳出了局部最优，能够找到更好的解。同时由于萤火虫算法的收敛速度较快，在串行混合萤火虫算法和杜鹃搜索算法时可以适当减少萤火虫算法在串行混合算法中的迭代次数。

■ 2.2.6　串行差分进化杜鹃搜索算法仿真测试

表 2.7 给出了串行差分进化杜鹃搜索算法的测试结果，并对比了差分进化算法和杜鹃搜索算法的测试结果。表格中的数据为 50 次测试的统计结果。

表 2.7　串行差分进化杜鹃搜索算法测试结果对比

函数	算法	最优值	最差值	均值	标准差	时间/ms
F1	S_DE_CS	109. 191	**7 803. 17**	2 372. 22	**2 069. 934**	8 426
	DE	**100. 031**	9 136. 42	**1 995. 23**	2 088. 788	**2 334**
	CS	104. 114	10 072. 4	3 635. 09	3 193. 932	14 098
F2	S_DE_CS	5 578. 98	11 678. 5	8 106. 18	1 472. 641	8 399
	DE	**2 426. 03**	**5 118. 06**	**3 672. 48**	**658. 281 5**	**2 365**
	CS	9 609. 55	18 101. 5	13 090	2 134. 436	14 056
F3	S_DE_CS	**300**	**307. 609**	303. 616	2. 003 364	513 171
	DE	**300**	311. 81	304. 044	2. 268 782	**433 794**
	CS	315. 695	325. 275	321. 653	**1. 690 094**	560 379
F4	S_DE_CS	**795. 954**	**2 392. 93**	**1 697. 87**	411. 381 7	12 897
	DE	1 039. 89	3 597. 93	2 500. 59	619. 039	**6 300**
	CS	1 122. 87	3 688. 51	2 539. 11	693. 491	18 878
F5	S_DE_CS	500. 774	501. 322	501. 101	**0. 125 82**	102 272
	DE	501. 51	502. 713	502. 154	0. 274 659	**83 562**
	CS	**500. 477**	**501. 085**	**500. 799**	0. 136 314	116 800
F6	S_DE_CS	**600. 151**	600. 316	**600. 241**	0. 029 693	8 420
	DE	600. 185	**600. 308**	600. 253	**0. 027 409**	**2 416**
	CS	600. 294	600. 487	600. 38	0. 046 482	13 995
F7	S_DE_CS	**700. 139**	700. 47	700. 199	0. 045 369	8 468
	DE	700. 147	700. 408	**700. 198**	0. 037 022	**2 408**
	CS	700. 19	**700. 361**	700. 272	**0. 034 801**	14 309
F8	S_DE_CS	809. 711	**813. 353**	**811. 798**	**0. 807 722**	9 998
	DE	812. 703	816. 127	814. 726	0. 824 973	**3 739**
	CS	**809. 404**	815. 684	812. 908	1. 270 719	15 841
F9	S_DE_CS	911. 805	912. 594	912. 178	**0. 158 136**	10 185
	DE	912. 19	913. 271	912. 959	0. 198 935	**3 935**
	CS	**911. 58**	**912. 58**	**912. 087**	0. 228 113	16 007
F10	S_DE_CS	183 061	707 291	401 173	**123 259. 2**	12 133
	DE	731 397	3 926 302	2 358 334	708 546. 5	**5 553**
	CS	**134 609**	**697 155**	**364 996**	134 086	18 243
F11	S_DE_CS	1 108. 26	**1 119. 22**	**1 115. 85**	2. 561 9	110 127
	DE	**1 107. 7**	1 131. 84	1 120	5. 164 908	**87 652**
	CS	1 112. 9	1 119. 7	1 116. 87	**1. 389 312**	123 058

函数	算法	最优值	最差值	均值	标准差	时间/ms
F12	S_DE_CS	1 296.58	**1 495.51**	**1 364.9**	**48.905 37**	20 856
	DE	1 544.3	2 231.07	1 925.85	134.986 2	**13 161**
	CS	**1 267.76**	1 590.07	1 425.63	73.096 77	27 853
F13	S_DE_CS	**1 627.64**	**1 627.64**	**1 627.64**	4.93E-13	29 026
	DE	**1 627.64**	**1 627.64**	**1 627.64**	5.18E-13	**21 730**
	CS	**1 627.64**	**1 627.64**	**1 627.64**	4.55E-13	35 601
F14	S_DE_CS	1 604.54	**1 614.45**	1 608.89	**2.147 114**	26 447
	DE	**1 604.29**	1 614.87	**1 607.68**	2.852 589	**18 384**
	CS	1 613.04	1 622.4	1 618.23	2.150 912	33 901
F15	S_DE_CS	**1 800**	1 955	1 832.46	47.512 26	512 254
	DE	**1 800**	1 934.93	1 828.59	**42.331 99**	**486 822**
	CS	1 925.65	2 379.23	2 087.27	171.4 609	645 640

　　由表 2.7 可以得知，串行差分进化杜鹃搜索算法在 F3、F4、F6、F8、F11、F12 这 6 个测试函数上的优化结果优于单一的差分进化算法和杜鹃搜索算法。该串行混合算法在 F1、F2 上的优化结果与差分进化算法和杜鹃搜索算法中的较优值有较大的差距，而在测试函数 F6、F7、F9、F14、F15 上，该串行混合算法虽然没有得到最优的结果，但其与差分进化算法和杜鹃搜索算法中的较优值相差不大。该串行混合算法中，杜鹃搜索算法弥补了差分进化算法没有跳出局部最优能力的不足，由于差分进化算法的搜索能力强且收敛速度相对较慢，不易陷入局部最优，因此在串行差分进化算法和杜鹃搜索算法时应该适当增加差分进化算法在串行混合算法中的迭代次数。

　　图 2.10 给出了串行差分进化杜鹃搜索算法杜鹃搜索算法在这 15 个测试函数上的 50 次实验优化曲线的均值曲线，同时给出了差分进化算法和杜鹃搜索算法的优化均值曲线作对比。

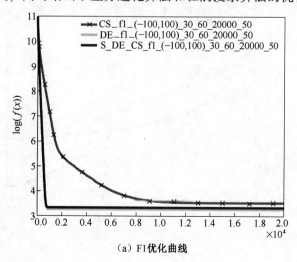

(a) F1 优化曲线

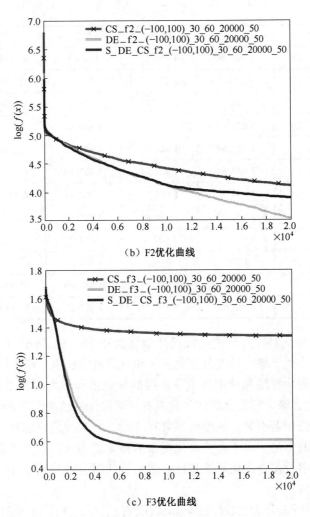

（b）F2优化曲线

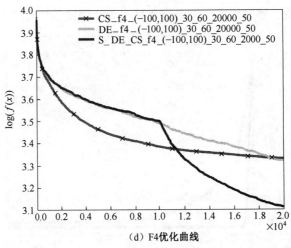

（c）F3优化曲线

（d）F4优化曲线

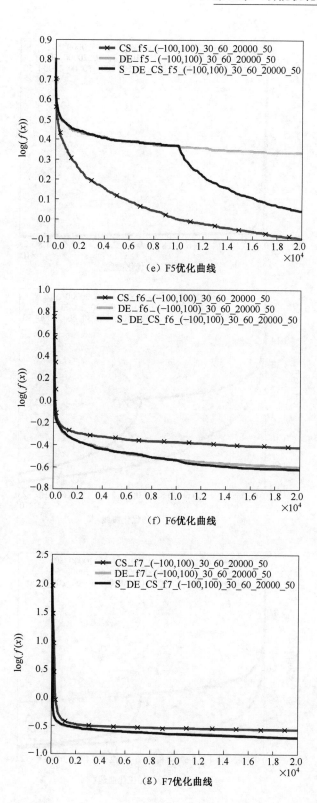

(e) F5优化曲线

(f) F6优化曲线

（g）F7优化曲线

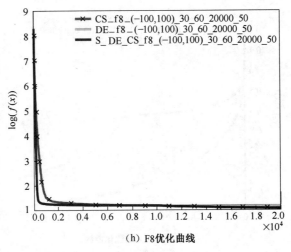

（h）F8优化曲线

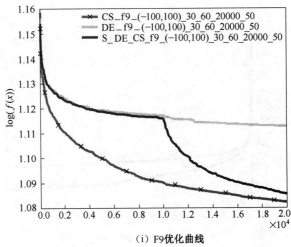

（i）F9优化曲线

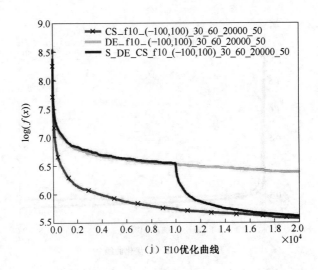

（j）F10优化曲线

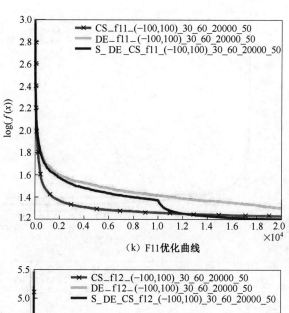

（k）F11优化曲线

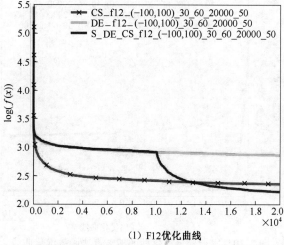

（l）F12优化曲线

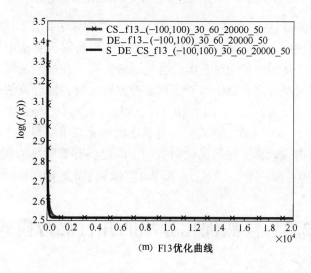

（m）F13优化曲线

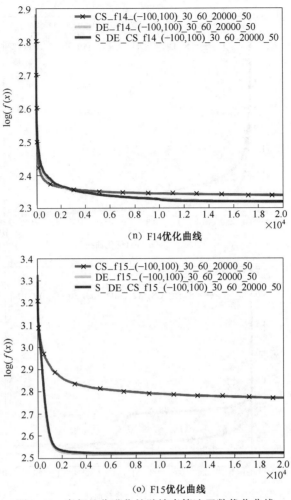

（n）F14优化曲线

（o）F15优化曲线

图 2.10 串行差分进化杜鹃搜索算法函数优化曲线

从图 2.10 中同样可以看出，在串行混合算法中不同的算法有着不同的性能，这导致算法的优化曲线在改变算法后有着不同的下降趋势。由于该串行混合算法中差分进化算法和杜鹃搜索算法将顺序执行，从图中可明显看出，当差分进化算法在一个测试函数上的优化结果远好于杜鹃搜索算法或者差分进化算法不差于杜鹃搜索算法时，混合算法的优化曲线的变化较小，如图 2.10（a）、图 2.10（c）、图 2.10（f）、图 2.10（g）、图 2.10（h）、图 2.10（m）、图 2.10（n）、图 2.10（o）所示。当差分进化算法的优化结果明显差于杜鹃搜索算法时，串行混合算法运行至杜鹃搜索算法时其优化曲线的下降趋势有着明显的变化，如图 2.10（d）、图 2.10（e）、图 2.10（f）、图 2.10（j）、图 2.10（k）、图 2.10（1）所示。

2.3 自然优化算法的并行混合模式

对 6 种优化算法进行并行混合，由于两种算法同时执行，故并行混合不用考虑算法的排列顺序。当仅选取两种算法进行并行混合时，其混合方式有 $C_6^2 = 15$ 种。

根据 2.1 节的并行混合策略可以得知，并行混合数种算法时，应尽量选择各个维度性能差别相对较大的个体，且在算法的前期、中期、后期分别至少有一种算法的收敛性、搜索能力、跳出局部最优能力较强。与串行混合算法相同，并行混合算法在每一次迭代完成后也有着不同的信息共享策略。

策略 1：每次迭代后，将不同算法群体中的最优值做比较，得出的全局最优值共享给所有参与混合的算法。

策略 2：每次迭代后，将全局的最优值共享给所有参与混合的算法，然后将所有的种群随机分配给参与混合的算法。

策略 1 的实现较为简单，各算法中种群的特性较为明显，在混合算法之后仍然需要进行更加复杂的操作且需要保留各算法中群体的优化值时，使用策略 1 较好。

策略 2 每次迭代后的实现较为复杂，当混合的算法得出的结果差别较大时，算法的混合更加充分但由于各算法中个体属性的差异性参差不齐，随机选取种群可能会对算法的属性值有一定的损失。

本章使用了策略 2 来对各算法进行并行混合。表 2.8 中给出了并行两种算法的算法列表。

表 2.8　并行混合算法列表

并行混合算法	算法 1	算法 2
并行萤火虫差分进化算法（P _ FA _ DE）	萤火虫算法（FA）	差分进化算法（DE）
并行差分进化杜鹃搜索算法（P _ DE _ CS）	差分进化算法（DE）	杜鹃搜索算法（CS）
并行差分进化遗传算法（P _ DE _ GA）	差分进化算法（DE）	遗传算法（GA）
并行萤火虫杜鹃搜索算法（P _ FA _ CS）	萤火虫算法（FA）	杜鹃搜索算法（CS）
并行粒子群人工蜂群算法（P _ PSO _ ABC）	粒子群优化算法（PSO）	人工蜂群算法（ABC）
并行粒子群差分进化算法（P _ PSO _ DE）	粒子群优化算法（PSO）	差分进化算法（DE）

■ 2.3.1　并行萤火虫差分进化算法仿真测试

表 2.9 给出了并行萤火虫差分进化算法的测试结果，并对比了萤火虫算法和差分进化算法的测试结果。表格中的数据为 50 次测试的统计结果。

表 2.9　并行萤火虫差分进化算法测试结果对比

函数	算法	最优值	最差值	均值	标准差	时间/ms
F1	P _ FA _ DE	101.042	**6 654.56**	**1 380.35**	**1 612.04**	**2 249**
	FA	100.191	7 458.99	2 117.67	1 919.057	3 163
	DE	**100.031**	9 136.42	1 995.23	2 088.788	2 334
F2	P _ FA _ DE	**1 045.07**	3 866.86	2 279.24	598.083 2	3 867
	FA	15 157.4	47 122.1	27 501.9	7 586.578	8 910
	DE	2 426.03	5 118.06	3 672.48	658.281 5	**2 365**

续表

函数	算法	最优值	最差值	均值	标准差	时间/ms
F3	P_FA_DE	**300**	309. 821	304. 719	**2. 101 831**	**421 587**
	FA	300. 825	312. 704	307. 036	2. 241 885	423 522
	DE	**300**	311. 81	**304. 044**	2. 268 782	433 794
F4	P_FA_DE	**437. 127**	**1 897. 29**	**723. 649**	**235. 142 2**	**5 814**
	FA	1 698. 35	4 621. 23	2 867. 46	605. 040 1	6 048
	DE	1 039. 89	3 597. 93	2 500. 59	619. 039	6 300
F5	P_FA_DE	500. 014	500. 147	500. 048	0. 026 064	**82 577**
	FA	**500. 008**	**500. 053**	**500. 022**	**0. 012 614**	83 917
	DE	501. 51	502. 713	502. 154	0. 274 659	83 562
F6	P_FA_DE	600. 179	**600. 305**	**600. 238**	0. 032	**2 184**
	FA	**600. 102**	600. 472	600. 262	0. 076 783	2 757
	DE	600. 185	600. 308	600. 253	**0. 027 409**	2 416
F7	P_FA_DE	700. 152	700. 521	700. 25	0. 064 602	**2 193**
	FA	700. 226	700. 823	700. 355	0. 126 583	3 010
	DE	**700. 147**	**700. 408**	**700. 198**	**0. 037 022**	2 408
F8	P_FA_DE	802. 183	808. 649	804. 354	1. 421 322	**3 493**
	FA	**802. 16**	**806. 405**	**803. 853**	0. 944 319	4 137
	DE	812. 703	816. 127	814. 726	**0. 824 973**	3 739
F9	P_FA_DE	911. 141	**913. 195**	912. 657	**0. 444 081**	**3 476**
	FA	**910. 712**	913. 726	**912. 585**	0. 594 123	3 997
	DE	912. 19	913. 271	912. 959	0. 198 935	3 935
F10	P_FA_DE	89 650	1 332 456	422 344	250 071. 6	6 519
	FA	**42 024. 1**	**1 082 000**	399 434	237 181. 1	10 889
	DE	731 397	3 926 302	2 358 334	708 546. 5	**5 553**
F11	P_FA_DE	**1 107. 5**	**1 116. 37**	**1 112. 37**	2. 454 777	87 073
	FA	1 111. 14	1 120. 73	1 116. 78	**1. 963 691**	**86 988**
	DE	1 107. 7	1 131. 84	1 120	5. 164 908	87 652
F12	P_FA_DE	1 236. 75	1 963. 75	1 515. 15	1 89. 082 3	**12 729**
	FA	**1 231. 38**	**1 786. 43**	**1 449. 26**	143. 926	13 381
	DE	1 544. 3	2 231. 07	1 925. 85	**134. 986 2**	13 161
F13	P_FA_DE	**1 627. 64**	**1 627. 64**	**1 627. 64**	5. 08E-13	23 965
	FA	1 631. 96	1 672. 62	1 648. 27	10. 203 91	30 560
	DE	**1 627. 64**	**1 627. 64**	**1 627. 64**	5. 18E-13	**21 730**

续表

函数	算法	最优值	最差值	均值	标准差	时间/ms
F14	P_FA_DE	1 604.85	**1 614.17**	1 607.85	**2.188 269**	**18 168**
	FA	1 612.99	1 630.94	1 620.69	3.813 215	18 852
	DE	**1 604.29**	1 614.87	**1 607.68**	2.852 589	18 384
F15	P_FA_DE	**1 800**	2 015.85	1 846.62	55.373 51	**475 578**
	FA	1 804.66	2 055.08	1 918.53	58.791 47	488 650
	DE	**1 800**	**1 934.93**	**1 828.59**	42.331 99	486 822

从表 2.9 中可以看出，并行萤火虫差分进化算法在测试函数 F1、F2、F4、F6、F11 上的优化结果优于萤火虫算法和差分进化算法的优化结果。其中在 F1、F2、F4 测试函数上混合算法有着明显的优势，而且并行萤火虫差分进化算法没有在任何一个测试函数上同时差于萤火虫算法和差分进化算法。并行萤火虫差分进化算法在 F1、F2、F3、F4、F6、F7、F11、F13、F14、F15 这 10 个测试函数上的优化结果优于萤火虫算法，而在 F1、F2、F4、F5、F6、F8、F9、F10、F11、F12 这 10 个测试函数上的优化结果优于差分进化算法。可以明显看出，并行萤火虫差分进化算法在单一的测试函数的优化能力上有了明显的提升，但对于混合函数和复合函数的优化，提升并不明显。

图 2.11 给出了并行萤火虫差分进化算法在这 15 个测试函数上的 50 次实验优化曲线的均值曲线，同时给出了萤火虫算法和差分进化算法的优化均值曲线作对比。

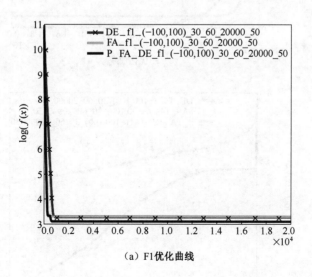

（a）F1优化曲线

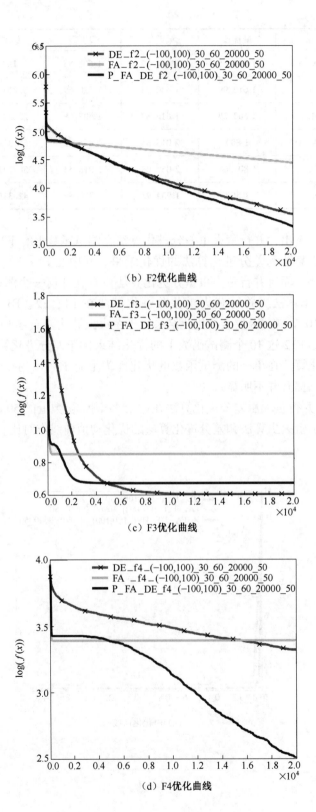

（b）F2优化曲线

（c）F3优化曲线

（d）F4优化曲线

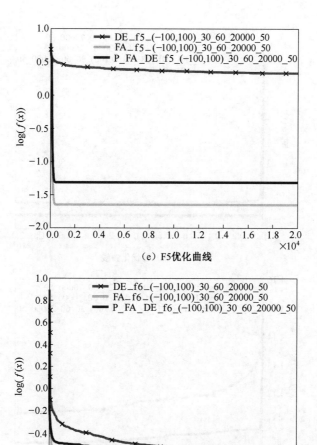

（e）F5优化曲线

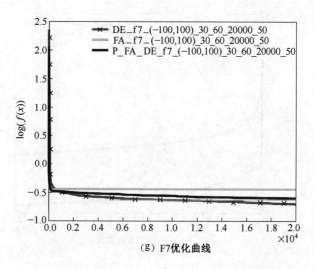

（f）F6优化曲线

（g）F7优化曲线

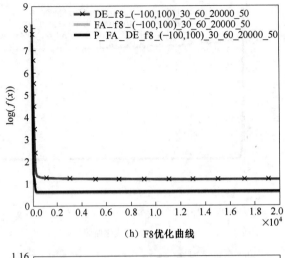

（h）F8优化曲线

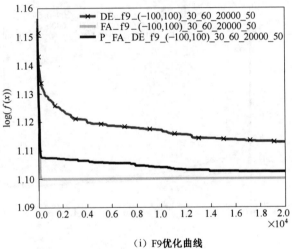

（i）F9优化曲线

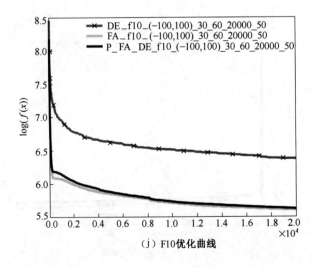

（j）F10优化曲线

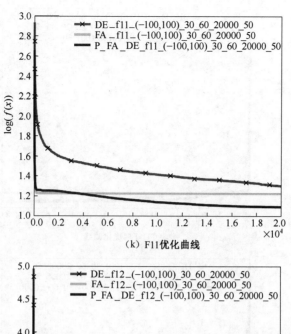

（k）F11优化曲线

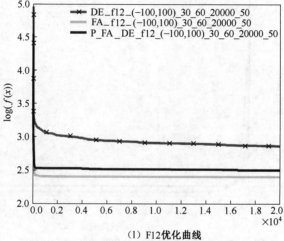

（l）F12优化曲线

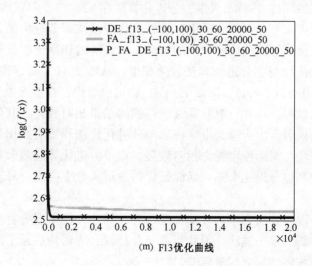

（m）F13优化曲线

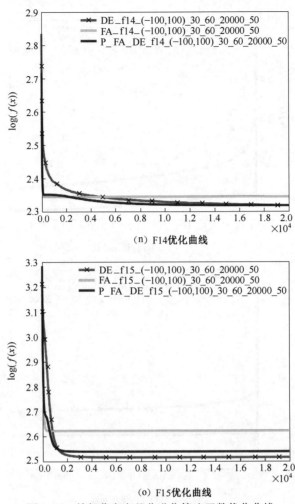

（n）F14优化曲线

（o）F15优化曲线

图 2.11 并行萤火虫差分进化算法函数优化曲线

从图 2.11 中可以看出，并行萤火虫差分进化算法在 F2、F3、F4、F9、F11 这 5 个测试函数上的优化曲线与萤火虫算法和差分进化算法的优化曲线均有着较大的差别。可以看出该并行混合算法继承了萤火虫算法的快速收敛的特性，在算法的初期能够快速地收敛，而在之后的优化过程中其优化曲线与差分进化算法较为相似。从图 2.11（c）、图 2.11（e）、图 2.11（h）、图 2.11（l）、图 2.11（m）、图 2.11（o）中可以看出，当萤火虫算法和差分进化算法均在该测试函数上收敛时，该并行混合算法所得到的结果相对较差，其值接近萤火虫算法和差分进化算法中的较优者。由于萤火虫算法和差分进化算法均没有跳出局部最优能力，且萤火虫算法收敛速度较快、局部搜索能力相对较强，而差分进化算法收敛速度较慢、全局搜索能力相对较强，因此在差分进化未陷入局部最优的测试函数上，混合算法得到了优于这两者的结果。

本章中由于并行混合算法会平均分配种群给各种算法，使得混合算法中的各算法的优化能力差于拥有全部种群的单一算法，因此当参与并行混合算法均在某个问题上无法得到较优值时，该并行混合算法的结果会相对较差。

▌2.3.2 并行差分进化杜鹃搜索算法仿真测试

表 2.10 给出了并行差分进化杜鹃搜索算法的测试结果，并对比了差分进化算法和杜鹃搜索算法的测试结果。表格中的数据为 50 次测试的统计结果。

表 2.10 并行差分进化杜鹃搜索算法测试结果对比

函数	算法	最优值	最差值	均值	标准差	时间/ms
F1	P_DE_CS	101.035	**7 358.5**	**1 453.62**	**1 705.874**	8 349
	DE	**100.031**	9 136.42	1 995.23	2 088.788	**2 334**
	CS	104.114	10 072.4	3 635.09	3 193.932	14 098
F2	P_DE_CS	**1 081.66**	**4 011.73**	**2 211.25**	**636.974 4**	8 325
	DE	2 426.03	5 118.06	3 672.48	658.281 5	**2 365**
	CS	9 609.55	18 101.5	13 090	2 134.436	14 056
F3	P_DE_CS	**300**	316.614	304.987	3.270 922	520 137
	DE	**300**	**311.81**	**304.044**	2.268 782	**433 794**
	CS	315.695	325.275	321.653	**1.690 094**	560 379
F4	P_DE_CS	**421.355**	**1 323.3**	**654.195**	159.737 1	13 175
	DE	1 039.89	3 597.93	2 500.59	619.039	**6 300**
	CS	1 122.87	3 688.51	2 539.11	693.491	18 878
F5	P_DE_CS	500.737	501.295	501.068	**0.122 933**	102 172
	DE	501.51	502.713	502.154	0.274 659	**83 562**
	CS	**500.477**	**501.085**	**500.799**	0.136 314	116 800
F6	P_DE_CS	**600.176**	**600.302**	**600.247**	0.031 003	8 543
	DE	600.185	600.308	600.253	**0.027 409**	**2 416**
	CS	600.294	600.487	600.38	0.046 482	13 995
F7	P_DE_CS	700.162	**700.335**	700.23	**0.033 558**	8 449
	DE	**700.147**	700.408	**700.198**	0.037 022	**2 408**
	CS	700.19	700.361	700.272	0.034 801	14 309
F8	P_DE_CS	811.577	816.421	814.059	0.976 124	10 300
	DE	812.703	816.127	814.726	**0.824 973**	**3 739**
	CS	**809.404**	**815.684**	**812.908**	1.270 719	15 841
F9	P_DE_CS	911.987	912.82	912.476	**0.168 341**	10 567
	DE	912.19	913.271	912.959	0.198 935	**3 935**
	CS	**911.58**	**912.58**	**912.087**	0.228 113	16 007
F10	P_DE_CS	323 519	1 301 642	735 492	239 837.7	12 390
	DE	731 397	3 926 302	2 358 334	708 546.5	**5 553**
	CS	**134 609**	**697 155**	**364 996**	**134 086**	18 243

函数	算法	最优值	最差值	均值	标准差	时间/ms
F11	P_DE_CS	1 107.82	**1 118.77**	**1 112.07**	2.387 904	112 888
	DE	**1 107.7**	1 131.84	1 120	5.164 908	**87 652**
	CS	1 112.9	1 119.7	1 116.87	**1.389 312**	123 058
F12	P_DE_CS	1 346.46	1 698.26	1 534.97	89.687 99	20 856
	DE	1 544.3	2 231.07	1 925.85	134.986 2	**13 161**
	CS	**1 267.76**	**1 590.07**	**1 425.63**	73.096 77	27 853
F13	P_DE_CS	**1 627.64**	**1 627.64**	**1 627.64**	5.23E-13	29 664
	DE	**1 627.64**	**1 627.64**	**1 627.64**	5.18E-13	**21 730**
	CS	**1 627.64**	**1 627.64**	**1 627.64**	4.55E-13	35 601
F14	P_DE_CS	1 604.42	**1 611.6**	**1607.13**	1.762 716	27 861
	DE	**1 604.29**	1 614.87	1 607.68	2.852 589	**18 384**
	CS	1 613.04	1 622.4	1 618.23	2.150 912	33 901
F15	P_DE_CS	**1 800**	2 020.2	1 868.09	64.522 34	589 396
	DE	**1 800**	**1 934.93**	**1 828.59**	**42.331 99**	**486 822**
	CS	1 925.65	2 379.23	2 087.27	171.460 9	645 640

表2.10中,并行差分进化杜鹃搜索算法在F1、F2、F4、F6、F14这5个测试函数上的优化结果优于单一的差分进化算法和杜鹃搜索算法。同时该并行混合算法在F3、F7、F9、F12、F15这5个测试函数上的优化结果与差分进化算法和杜鹃搜索算法中的较优者非常接近。该混合方案得出的算法在求解单峰函数时性能有较大的提升,而在处理多峰函数时,其性能提升并不明显。在处理混合函数和复合函数时,该并行混合算法的性能有一定的提升,并不明显,但同时可以看出,总体上其结果有一定的提升,即该并行混合算法不会在某些测试函数上有较好的结果而在另一些测试函数上的结果却很差。

图2.12给出了并行差分进化杜鹃搜索算法在这15个测试函数上的50次实验优化曲线的均值曲线,同时给出了差分进化算法和杜鹃搜索算法的优化均值曲线作对比。

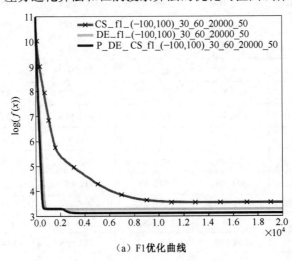

（a）F1优化曲线

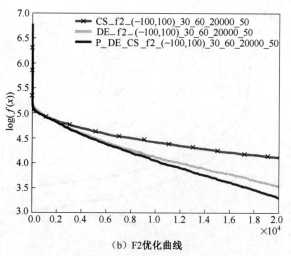

（b）F2优化曲线

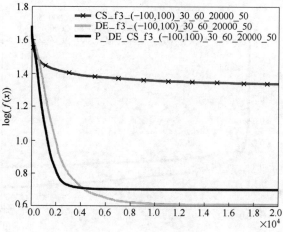

（c）F3优化曲线

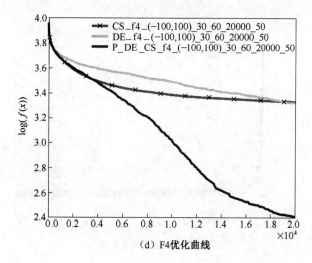

（d）F4优化曲线

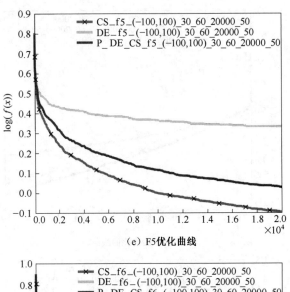

（e）F5优化曲线

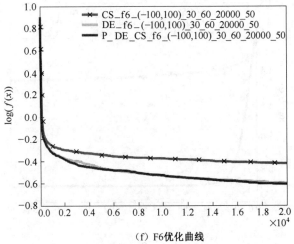

（f）F6优化曲线

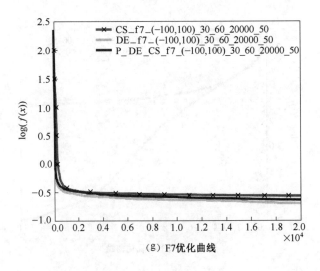

（g）F7优化曲线

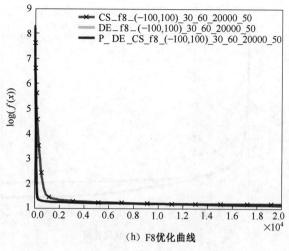

（h）F8优化曲线

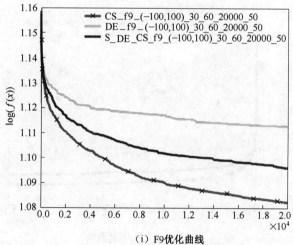

（i）F9优化曲线

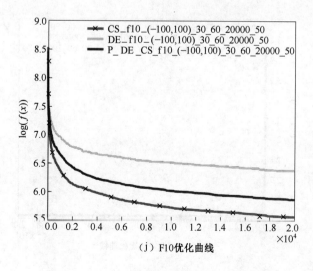

（j）F10优化曲线

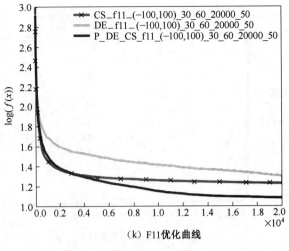

（k）F11优化曲线

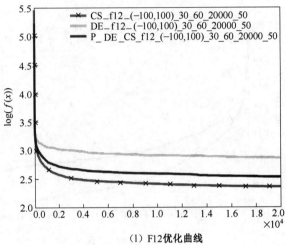

（l）F12优化曲线

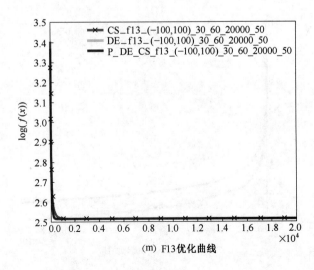

（m）F13优化曲线

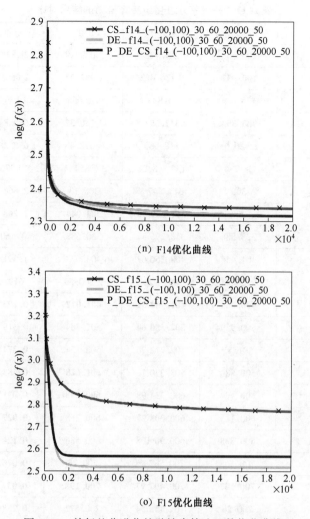

（n）F14优化曲线

（o）F15优化曲线

图 2.12 并行差分进化杜鹃搜索算法函数优化曲线

从图 2.12 中可以看出，当差分进化算法和杜鹃搜索算法在同一测试函数上的性能相差较大、优化曲线相差较大时，并行混合差分进化算法和杜鹃搜索算法在该测试函数上能得到较好的结果，如图 2.12（d）和图 2.12（k）所示。而当差分进化算法和杜鹃搜索算法在某一测试函数上的性能相差较小、优化曲线的趋势相似或均收敛时，该并行混合算法无法得出较好的结果，其值介于差分进化算法和杜鹃搜索算法之间，从图 2.12（c）、图 2.12（e）、图 2.12（i）、图 2.12（j）、图 2.12（l）、图 2.12（o）中均可以看出。由于杜鹃搜索算法最大的优点是有较强的跳出局部最优能力，而差分进化算法由于收敛性较弱、搜索能力较强，不易陷入局部最优，故这两种算法的并行混合并未完全发挥算法各自的优势来互补对方的缺点。

■ 2.3.3 并行差分进化遗传算法仿真测试

表 2.11 给出了并行差分进化遗传算法的测试结果，并对比了差分进化算法和遗传算法的测试结果。表格中的数据为 50 次测试的统计结果。

表 2.11 并行差分进化遗传算法测试结果对比

函数	算法	最优值	最差值	均值	标准差	时间/ms
F1	P_DE_GA	100.666	9 281.722 7	2 088.49	2 181.355	1 868
	DE	**100.031**	**9 136.422**	**1 995.23**	**2 088.788**	2 334
	GA	138 490	2.01E+07	850 656	2 834 510	**1 340**
F2	P_DE_GA	**908.504**	**4 351.371 8**	**2 140.32**	680.817 4	1 878
	DE	2 426.03	5 118.060 9	3 672.48	**658.281 5**	2 365
	GA	38 934	135 318.21	76 854.2	19 376.55	**1 243**
F3	P_DE_GA	**300**	311.847 8	305.13	2.666 047	452 551
	DE	**300**	**311.809 98**	**304.044**	**2.268 782**	433 794
	GA	323.586	338.296 31	330.688	3.560 18	**420 195**
F4	P_DE_GA	401.458	408.360 67	404.073	1.391 986	5 643
	DE	1 039.89	3 597.926 3	2 500.59	619.039	6 300
	GA	**400.464**	**401.782 31**	**401.012**	**0.293 725**	**4 726**
F5	P_DE_GA	500.959	**502.380 64**	501.764	0.319 686	84 734
	DE	501.51	502.712 76	502.154	**0.274 659**	83 562
	GA	**500.586**	503.370 13	**501.628**	0.683 435	**81 400**
F6	P_DE_GA	**600.154**	600.334 98	**600.248**	0.031 729	1 981
	DE	600.185	**600.308 27**	600.253	**0.027 409**	2 416
	GA	600.338	600.90 108	600.586	0.124 294	**1 346**
F7	P_DE_GA	700.165	700.567 76	700.25	0.076 665	1 978
	DE	**700.147**	**700.407 97**	**700.198**	**0.037 022**	2 408
	GA	700.26	701.155 54	700.572	0.288 843	**1 332**
F8	P_DE_GA	**811.981**	816.726 34	**814.482**	0.983 76	3 283
	DE	812.703	**816.126 87**	814.726	**0.824 973**	3 739
	GA	819.819	860.935 6	832.676	9.096 216	**2 447**
F9	P_DE_GA	**911.75**	**913.165 58**	**912.751**	0.268 731	3 430
	DE	912.19	913.271 36	912.959	**0.198 935**	3 935
	GA	912.545	913.866 29	913.252	0.293 028	**2 522**
F10	P_DE_GA	406 852	**2 894 095.5**	1 570 594	**596 006.7**	5 185
	DE	731 397	3 926 301.6	2 358 334	708 546.5	5 553
	GA	**289 649**	4 707 705.4	**1 392 015**	884 985.5	**4 312**
F11	P_DE_GA	1 108.32	**1 119.383 3**	**1 112.66**	**2.430 109**	92 694
	DE	**1 107.7**	1 131.839 8	1 120	5.164 908	87 652
	GA	1 116.64	1 215.891	1 132.77	25.311 86	**85 679**

函数	算法	最优值	最差值	均值	标准差	时间/ms
F12	P _ DE _ GA	**1 315. 62**	**2 076. 546 2**	**1 775. 79**	150. 843 8	13 187
	DE	1 544. 3	2 231. 068 7	1 925. 85	**134. 986 2**	13 161
	GA	1 426. 57	2 423. 677 4	1 873. 46	259. 959 4	**11 796**
F13	P _ DE _ GA	**1 627. 64**	**1 627. 642 3**	**1 627. 64**	**5. 03E-13**	24 047
	DE	1 627. 64	1 627. 642 3	1 627. 64	5. 18E-13	21 730
	GA	1 627. 73	1 632. 645 3	1 628. 17	0. 859 022	**21 081**
F14	P _ DE _ GA	1 604. 34	**1 612. 483 7**	**1 607. 19**	**1. 873 499**	19 300
	DE	**1 604. 29**	1 614. 870 4	1 607. 68	2. 852 589	18 384
	GA	1 623. 14	1 783. 251 1	1 654. 05	27. 164 95	**17 048**
F15	P _ DE _ GA	**1 800**	1 966. 836 4	1 861. 22	50. 548 8	499 012
	DE	**1 800**	**1 934. 934 4**	**1 828. 59**	**42. 331 99**	**486 822**
	GA	2 327. 38	2 793. 787 7	2 628. 83	98. 752 63	489 228

从表 2. 11 中可以看出，在 F2、F6、F8、F9、F11、F12、F14 这 7 个测试函数上并行差分进化遗传算法的优化结果优于单一的差分进化算法和单一的遗传算法，但其值与差分进化算法相差不大。同样在 F1、F3、F5、F7、F10、F15 这 6 个测试函数上该并行混合算法虽然没有得出这 3 种算法中的最优结果，但其与这三者中的最优值差距不大。由于差分进化算法与遗传算法均为进化算法，其优化过程不直接依赖于当前最优值，而本章中该并行混合算法使用策略 1，仅共享了群体中的最优值的信息，导致该混合方式对各算法的影响相对较小。

图 2. 13 给出了并行差分进化遗传算法在这 15 个测试函数上的 50 次实验优化曲线的均值曲线，同时给出了差分进化算法和遗传算法的优化均值曲线作对比。

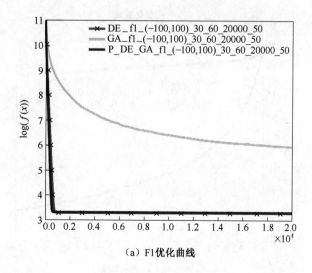

（a）F1 优化曲线

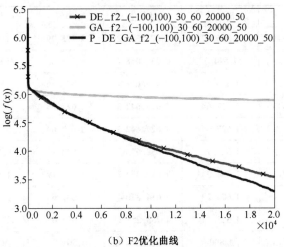

（b）F2优化曲线

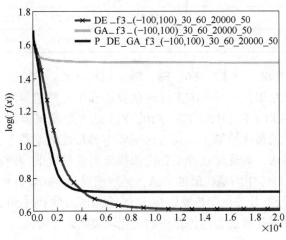

（c）F3优化曲线

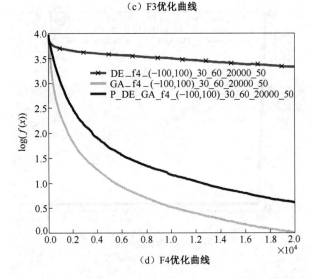

（d）F4优化曲线

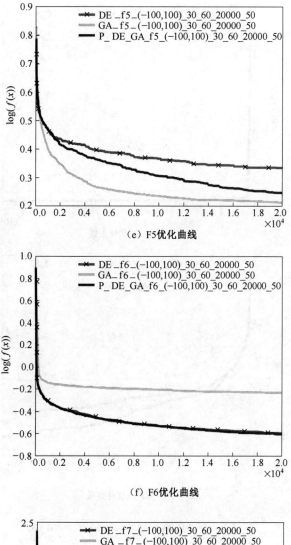

（e）F5优化曲线

（f）F6优化曲线

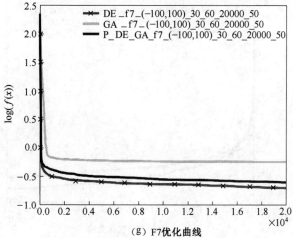

（g）F7优化曲线

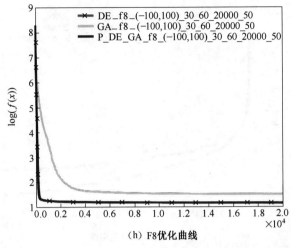

（h）F8优化曲线

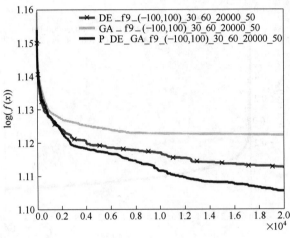

（i）F9优化曲线

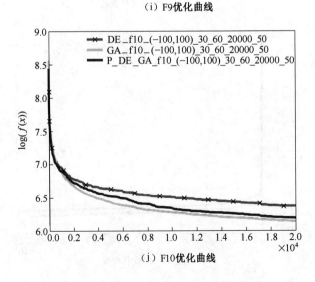

（j）F10优化曲线

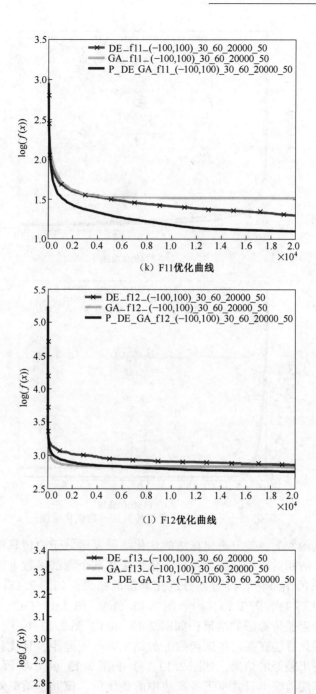

（k）F11优化曲线

（l）F12优化曲线

（m）F13优化曲线

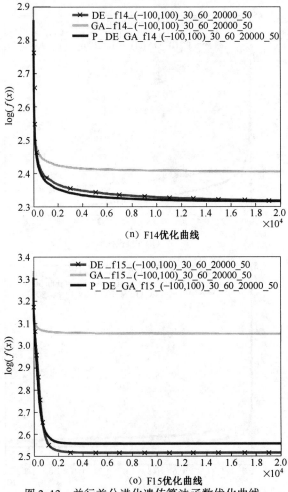

（n）F14优化曲线

（o）F15优化曲线

图 2.13　并行差分进化遗传算法函数优化曲线

　　由于在较多测试函数上，差分进化算法的优化结果要远好于遗传算法，而共享最优值对这两种进化算法的影响相对较小，故当差分进化算法在某个测试函数上的结果远好于遗传算法时，并行混合算法的结果将会接近差分进化算法的结果，如图 2.13（a）、图 2.13（b）、图 2.13（c）、图 2.13（f）、图 2.13（g）、图 2.13（h）、图 2.13（n）、图 2.13（o）所示，反之，其结果将会接近遗传算法的结果，如图 2.13（d）、图 2.13（e）、图 2.13（j）所示。当遗传算法与差分进化算法在某一测试函数上的结果有一定差距，且优化曲线趋势明显不同时，混合算法能够得出较好的结果，如图 2.13（i）和图 2.13（k）所示。

　　由于并行混合算法策略 1 只共享了各算法中的最优值，该共享策略对进化算法以及不直接依赖最优值的算法影响较小，故并行混合受最优值影响较小的算法时，采用策略 2 可能会得到更好的效果。

2.3.4　并行萤火虫杜鹃搜索算法仿真测试

　　表 2.12 给出了并行萤火虫杜鹃搜索算法的测试结果，并对比了萤火虫算法和杜鹃搜索算法的测试结果。表格中的数据为 50 次测试的统计结果。

表 2.12　并行萤火虫杜鹃搜索算法测试结果对比

函数	算法	最优值	最差值	均值	标准差	时间/ms
F1	P＿FA＿CS	**100.172**	**5 913.813 1**	**1 269.93**	**1 552.212**	8 458
	FA	100.191	7 458.990 9	2 117.67	1 919.057	**3 163**
	CS	104.114	10 072.423	3 635.09	3 193.932	14 098
F2	P＿FA＿CS	10 069.2	24 643.453	17 452.4	3 636.358	10 120
	FA	15 157.4	47 122.133	27 501.9	7 586.578	**8 910**
	CS	**9 609.55**	**18 101.479**	**13 090**	**2 134.436**	14 056
F3	P＿FA＿CS	303.384	316.023 94	308.668	2.601 851	513 451
	FA	**300.825**	**312.704 26**	**307.036**	2.241 885	**423 522**
	CS	315.695	325.274 93	321.653	**1.690 094**	560 379
F4	P＿FA＿CS	**917.851**	4 010.224 1	2 634.41	758.703 3	12 883
	FA	1 698.35	4621.232 9	2 867.46	**605.040 1**	**6 048**
	CS	1 122.87	**3 688.507 2**	**2 539.11**	693.491	18 878
F5	P＿FA＿CS	500.01	500.116 75	500.038	0.022 655	105 416
	FA	**500.008**	**500.053 32**	**500.022**	**0.012 614**	**83 917**
	CS	500.477	501.085 08	500.799	0.136 314	116 800
F6	P＿FA＿CS	600.164	**600.423 46**	600.312	0.067 803	8 548
	FA	**600.102**	600.471 68	**600.262**	0.076 783	**2 757**
	CS	600.294	600.486 51	600.38	**0.046 482**	13 995
F7	P＿FA＿CS	700.199	700.393 32	**700.272**	0.040 616	8 397
	FA	700.226	700.823 09	700.355	0.126 583	**3 010**
	CS	**700.19**	**700.360 65**	**700.272**	0.034 801	14 309
F8	P＿FA＿CS	802.561	**806.331 7**	804.171	0.981 378	10 016
	FA	**802.16**	806.405 42	**803.853**	**0.944 319**	**4 137**
	CS	809.404	815.684 32	812.908	1.270 719	15 841
F9	P＿FA＿CS	911.679	912.895 09	912.379	**0.227 249**	9 959
	FA	**910.712**	913.725 92	912.585	0.594 123	**3 997**
	CS	911.58	**912.580 36**	**912.087**	0.228 113	16 007
F10	P＿FA＿CS	43 910.1	1 002 932.1	382 509	227 098.5	12 987
	FA	**42 024.1**	1 081 999.6	399 434	237 181.1	**10 889**
	CS	134 609	**697 155.5**	**364 996**	**134 086**	18 243
F11	P＿FA＿CS	1 112.6	1 120.758 3	1 117.46	1.996 267	111 227
	FA	**1 111.14**	1 120.733 5	**1 116.78**	1.963 691	**86 988**
	CS	1 112.9	**1 119.699 9**	1 116.87	**1.389 312**	123 058

续表

函数	算法	最优值	最差值	均值	标准差	时间/ms
F12	P＿FA＿CS	1 348.4	1 653.705 6	1 464.34	81.882 85	20 626
	FA	**1 231.38**	1 786.433 3	1 449.26	143.926	**13 381**
	CS	1 267.76	**1 590.071 3**	**1 425.63**	**73.096 77**	27 853
F13	P＿FA＿CS	**1 627.64**	1 627.642 3	**1 627.64**	4.60E-13	32 603
	FA	1 631.96	1 672.615 8	1 648.27	10.203 91	**30 560**
	CS	**1 627.64**	1 627.642 3	**1 627.64**	4.55E-13	35 601
F14	P＿FA＿CS	1 615.47	1 628.008 6	1 621.78	2.956 643	27 058
	FA	**1 612.99**	1 630.943 9	1 620.69	3.813 215	**18 852**
	CS	1 613.04	**1 622.397 4**	**1 618.23**	**2.150 912**	33 901
F15	P＿FA＿CS	1 813.34	2 125.941 4	1 961.29	68.001 64	547 230
	FA	**1 804.66**	2 055.075 2	**1 918.53**	**58.791 47**	**488 650**
	CS	1 925.65	2 379.231 2	2 087.27	171.460 9	645 640

从表 2.12 中可以看出，并行萤火虫杜鹃搜索算法仅在 F1 测试函数上取得了优于单一萤火虫算法和单一杜鹃搜索算法的结果。并且在 F11、F12、F14 这 3 个测试函数上的优化结果均差于萤火虫算法和杜鹃搜索算法的优化结果。两两比较可知，该并行混合算法在 F1、F2、F4、F7、F9、F10、F13 这 7 个测试函数上的优化结果优于萤火虫算法，在 F1、F3、F5、F6、F8、F15 这 6 个测试函数上的优化结果优于杜鹃搜索算法。可见并行萤火虫杜鹃搜索算法并没有取得优于单一萤火虫算法和单一杜鹃搜索算法的结果。理论上，拥有较强收敛性、缺乏跳出局部最优能力的萤火虫算法与跳出局部最优能力较强的杜鹃搜索算法并行混合，这两种算法能够互补其不足，但其实际结果并没有达到预期。

图 2.14 给出了并行萤火虫杜鹃搜索算法在这 15 个测试函数上的 50 次实验优化曲线的均值曲线，同时给出了萤火虫算法和杜鹃搜索算法的优化均值曲线作对比。

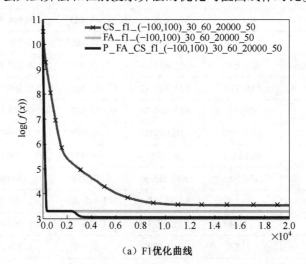

（a）F1 优化曲线

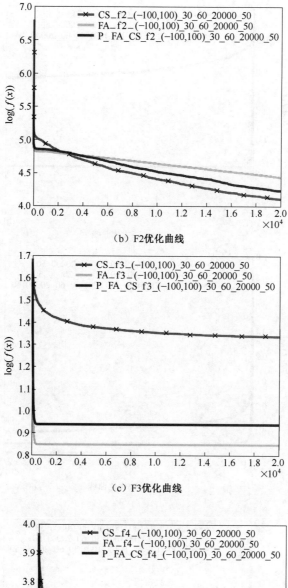

（b）F2优化曲线

（c）F3优化曲线

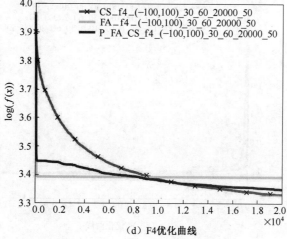

（d）F4优化曲线

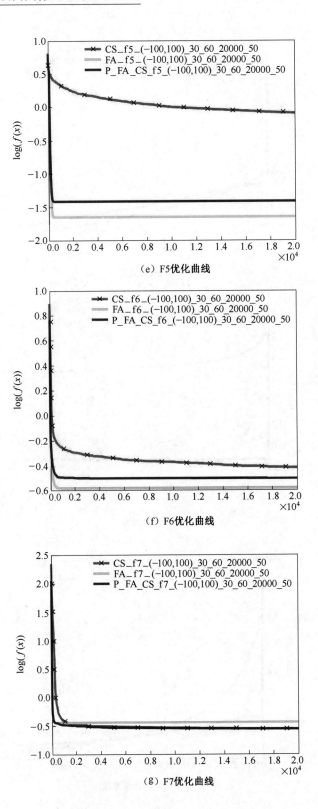

（e）F5优化曲线

（f）F6优化曲线

（g）F7优化曲线

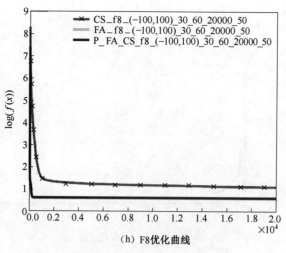

（h）F8优化曲线

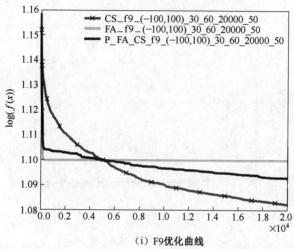

（i）F9优化曲线

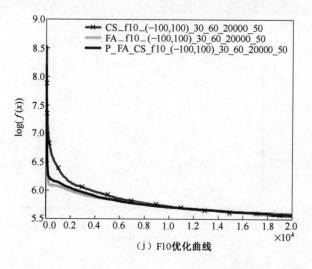

（j）F10优化曲线

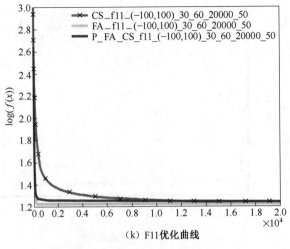

（k）F11优化曲线

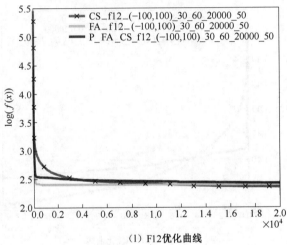

（l）F12优化曲线

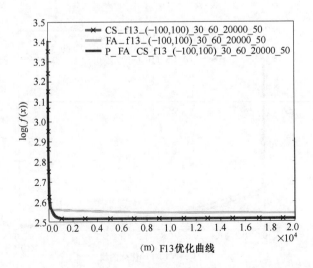

（m）F13优化曲线

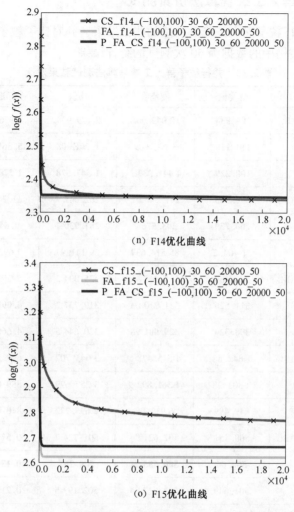

(n) F14优化曲线

(o) F15优化曲线

图 2.14 并行萤火虫杜鹃搜索算法函数优化曲线

从图 2.14 中可以看出，该并行混合算法继承了萤火虫算法快速收敛的特性以及杜鹃搜索算法的跳出局部最优能力。图 2.14（a）、图 2.14（b）、图 2.14（d）、图 2.14（f）中可以明显看到其优化曲线在算法的初期迅速下降，产生明显的转折之后算法仍能不断地找到最优值。在萤火虫算法的优化结果优于杜鹃搜索算法的优化结果的测试函数中，混合算法无法通过杜鹃搜索算法的跳出局部最优能力来得到更优解，如图 2.14（c）、图 2.14（e）、图 2.14（f）、图 2.14（o）所示，混合算法的优化结果接近萤火虫算法的优化结果。而在杜鹃搜索算法的优化结果优于萤火虫算法的优化结果的测试函数上，混合算法在萤火虫算法收敛的基础上能够找到新解，但其值略差于单一的杜鹃搜索算法，如图 2.14（f）、图 2.14（d）、图 2.14（i）所示。其原因可能是由于并行混合算法平分了种群，使得萤火虫算法和杜鹃搜索算法的搜索能力有所下降，并行混合后虽然具有了快速收敛和跳出局部最优的能力，其结果仍略差于萤火虫算法和杜鹃搜索算法中的较优者。

2.3.5 并行粒子群人工蜂群算法仿真测试

表 2.13 给出了并行粒子群人工蜂群算法的测试结果，并对比了粒子群优化算法和人工蜂群算法的测试结果。表格中的数据为 50 次测试的统计结果。

表 2.13 并行粒子群人工蜂群算法测试结果对比

函数	算法	最优值	最差值	均值	标准差	时间/ms
F1	P_PSO_ABC	104.834	10 049.905	2 779.934	2 956.858	2 430
	PSO	114.119	3.67E+09	1.20E+08	5.86E+08	2 639
	ABC	**100.229**	**4 441.339 1**	**1 347.578**	**1 278.849**	**1 921**
F2	P_PSO_ABC	238.385	281.886 91	262.041 7	11.249 89	2 488
	PSO	**200.739**	**203.576 7**	**201.930 7**	**0.645 03**	2 559
	ABC	51 404.2	85 514.637	69 141.97	7 692.418	**1 882**
F3	P_PSO_ABC	316.484	335.943 46	325.894 2	5.291 348	448 659
	PSO	311.526	331.210 03	**319.737 2**	**4.090 494**	428 730
	ABC	**308.324**	**329.001 98**	320.644 5	4.668 806	**414 407**
F4	P_PSO_ABC	1 842.88	4 615.478 5	3 045.707	699.895 2	6 288
	PSO	2 303.28	**4 361.892 9**	3 257.679	**559.013 9**	6 225
	ABC	**849.499**	6 913.98	**2 695.722**	870.057 1	**5 668**
F5	P_PSO_ABC	500.451	502.621 94	501.724 7	0.579 689	85 616
	PSO	**500.06**	**500.655 21**	**500.267**	**0.131 471**	83 714
	ABC	501.649	502.617 94	502.193 5	0.218 141	**81 878**
F6	P_PSO_ABC	**600.152**	**600.720 15**	**600.308 5**	0.108 01	2 612
	PSO	600.225	600.727 13	600.399 3	**0.107 174**	2 674
	ABC	600.262	600.861 81	600.5 607	0.173 412	**1 950**
F7	P_PSO_ABC	700.323	700.674 69	700.440 8	**0.082 318**	2 635
	PSO	**700.157**	**700.565 22**	**700.2815**	0.097 653	2 655
	ABC	700.273	700.979 03	700.5211	0.157 223	**1 951**
F8	P_PSO_ABC	802.984	822.058 36	808.847 6	5.620 457	4 046
	PSO	**802.196**	**812.782 16**	**805.108 2**	**2.844 442**	4 013
	ABC	802.268	821.784 61	810.273 1	7.242 67	**3 400**

续表

函数	算法	最优值	最差值	均值	标准差	时间/ms
F9	P_PSO_ABC	911. 112	**912. 911 27**	912. 040 6	0. 408 633	4 171
	PSO	**910. 113**	913. 195 36	**911. 588 9**	0. 708 045	4 123
	ABC	912. 815	913. 423 26	913. 152 4	**0. 133 578**	**3 338**
F10	P_PSO_ABC	7 529. 26	252 249. 68	64 946. 43	47 084. 51	5 808
	PSO	8 914. 58	**89 192. 256**	**33 326. 16**	18 584. 02	5 587
	ABC	**4 453. 97**	341 315. 9	54 376. 23	59 521. 05	**4 907**
F11	P_PSO_ABC	**1 110. 79**	**1 124. 553 5**	1 120. 208	2. 548 82	93 439
	PSO	1 111. 71	1 179. 321 5	**1 118. 218**	9. 093 417	87 741
	ABC	1 115. 94	1 124. 787 2	1 120. 227	**2. 240 725**	**85 341**
F12	P_PSO_ABC	**1 248. 85**	2 112. 457 9	**1 604. 685**	227. 27	13 505
	PSO	1 249. 97	2 226. 555 7	1 643. 196	**191. 561 8**	13 199
	ABC	1 452. 76	2 689. 501	2 025. 629	293. 507 4	**12 591**
F13	P_PSO_ABC	**1 627. 64**	**1 627. 642 3**	1 627. 642	**2.80E-13**	22 274
	PSO	**1627. 64**	1 642. 491 1	1 629. 106	3. 084 72	21 830
	ABC	**1 627. 64**	**1 627. 642 3**	1 627. 642	4. 31E-13	**21 253**
F14	P_PSO_ABC	1 605. 45	1 658. 694 1	**1 622. 091**	**12. 280 99**	18 883
	PSO	**1 600**	1 697. 998 7	1624. 796	21. 297 38	17 937
	ABC	1 604. 43	1 684. 446 1	1 625. 941	16. 310 97	**17 623**
F15	P_PSO_ABC	2 018. 43	2 634. 401 8	2 272. 097	159. 541 9	477 794
	PSO	1 901. 95	**2 497. 472 1**	2 242. 178	**130. 380 1**	464 458
	ABC	**1 879. 28**	2 602. 686 5	**2 236. 131**	153. 568 7	**455 403**

从表 2.13 中可以看出，并行粒子群人工蜂群算法在 F6、F12、F14 这三个测试函数上的优化结果优于单一的粒子群优化算法和单一的人工蜂群算法。而在 F3、F10、F15 这 3 个测试函数上，该并行混合算法的结果差于单一的粒子群优化算法和单一的人工蜂群算法。在其他的测试函数上，3 种算法的优化结果相差不大。由于粒子群优化算法的搜索能力相对较强但缺少跳出局部最优能力，而人工蜂群算法收敛性相对较强且有一定的跳出局部最优能力，并行混合这两种算法后能够扬长避短，发挥各自的优势。表 2.13 显示的结果表明，该并行混合算法的优势并不明显，其原因可能是这两个群智能算法受种群数的影响相对较大，当种群较少时，粒子群优化算法的搜索能力和人工蜂群算法的跳出局部最优能力显著下降，混合后性能提升并不明显。

　　图 2.15 给出了并行粒子群人工蜂群算法在这 15 个测试函数上的 50 次实验优化曲线的均值曲线，同时给出了粒子群优化算法和人工蜂群算法的优化均值曲线作对比。

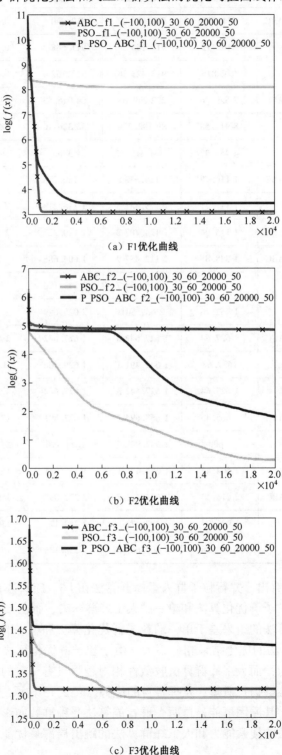

(a) F1优化曲线

(b) F2优化曲线

(c) F3优化曲线

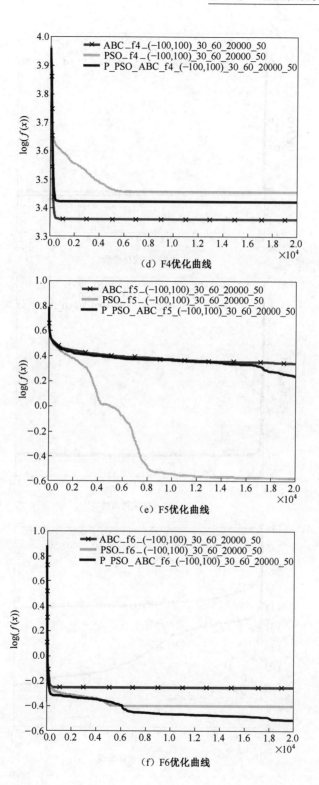

（d）F4优化曲线

（e）F5优化曲线

（f）F6优化曲线

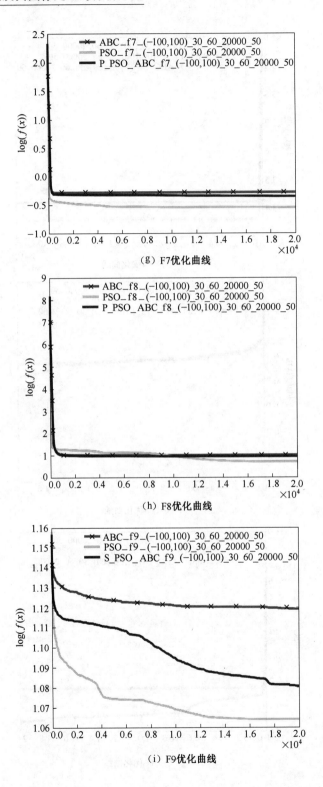

（g）F7优化曲线

（h）F8优化曲线

（i）F9优化曲线

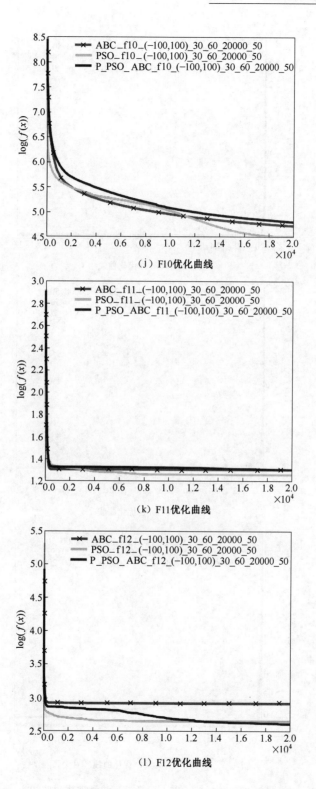

（j）F10优化曲线

（k）F11优化曲线

（l）F12优化曲线

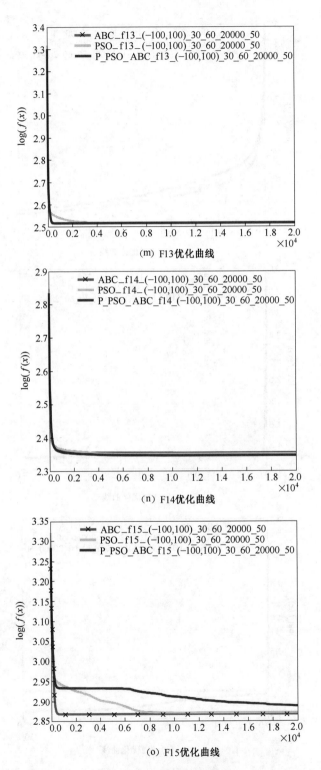

(m) F13优化曲线

(n) F14优化曲线

(o) F15优化曲线

图 2.15　并行粒子群人工蜂群算法函数优化曲线

从图 2.15 中可以看出，单一的粒子群优化算法与单一的人工蜂群算法在单峰函数和部分多峰函数上的优化曲线有着较大的差距，而在混合函数以及复合函数上的优化曲线的差距较小。在单峰函数 F1、F2 上，粒子群优化算法的优化曲线与人工蜂群算法的优化曲线相差较大，从图 2.15（a）和图 2.15（b）可以看出并行混合后的算法的优化曲线介于这两种单一算法优化曲线之间。从图 2.15（c）、图 2.15（d）、图 2.15（e）中可明显看出混合算法的搜索能力明显弱于粒子群优化算法，同时由于参与混合的人工蜂群算法收敛性和跳出局部最优相对较弱，其结果没有优于单一的优化算法。在较为复杂的混合函数 F10、F11、F12 上以及复合函数 F13、F14、F15 上，由于局部最优较多且分布较为复杂，这 3 种算法的优化曲线较为接近。

由于粒子群优化算法和人工蜂群算法均依赖于全局最优值，且都受种群数量的影响较大，在并行混合时，平分种群后会导致参与并行混合的粒子群优化算法和人工蜂群算法的性能远弱于单一的粒子群优化算法和人工蜂群算法。

2.3.6　并行粒子群差分进化算法仿真测试

表 2.14 给出了并行粒子群差分进化算法的测试结果，并对比了粒子群优化算法和差分进化算法的测试结果。表格中的数据为 50 次测试的统计结果。

表 2.14　并行粒子群差分进化算法测试结果对比

函数	算法	最优值	最差值	均值	标准差	时间/ms
F1	P_PSO_DE	100. 135 4	10 040. 425 3	2 346. 902 1	2 722. 479	2 541
	PSO	114. 1 193	3. 67E+09	1. 20E+08	5. 86E+08	2 639
	DE	**100. 031 4**	**9 136. 422**	**1 995. 232**	**2 088. 788**	**2 334**
F2	P_PSO_DE	238. 446 2	293. 878 353	263. 06 169	13. 412 21	2 536
	PSO	**200. 739**	**203. 576 703**	**201. 93 066**	**0. 64 503**	2 559
	DE	2 426. 03	5 118. 060 87	3 672. 4767	658. 281 5	**2 365**
F3	P_PSO_DE	**300**	313. 232 416	305. 031 69	3. 111 32	**422 442**
	PSO	311. 526	331. 210 034	319. 737 22	4. 090 494	428 730
	DE	300	**311. 809 978**	**304. 044 11**	**2. 268 782**	433 794
F4	P_PSO_DE	**424. 546 1**	**1212. 264 69**	**636. 142 58**	**169. 201 1**	6 444
	PSO	2 303. 284	4 361. 892 9	3 257. 679 2	559. 013 9	**6 225**
	DE	1 039. 892	3 597. 926 33	2 500. 592 8	619. 039	6 300
F5	P_PSO_DE	500. 253 2	502. 590 118	501. 59 504	0. 609 326	**82 748**
	PSO	**500. 060 4**	**500. 655 211**	**500. 267 05**	**0. 131 471**	83 714
	DE	501. 509 9	502. 712 765	502. 15 429	0. 274 659	83 562
F6	P_PSO_DE	**600. 114 2**	**600. 292 994**	**600. 174 12**	0. 036 75	2 683
	PSO	600. 224 6	600. 727 131	600. 399 35	0. 107 174	2 674
	DE	600. 185	600. 308 275	600. 253 32	**0. 027 409**	**2 416**
F7	P_PSO_DE	**700. 141 8**	700. 534 942	700. 264 31	0. 098 392	2 639
	PSO	700. 157 5	700. 565 217	700. 281 47	0. 097 653	2 655
	DE	700. 1 474	**700. 40 7968**	**700. 1 977**	**0. 037 022**	**2 408**

续表

函数	算法	最优值	最差值	均值	标准差	时间/ms
F8	P_PSO_DE	810. 556 4	815. 218 438	813. 162 89	1. 306 269	3 915
	PSO	**802. 195 7**	**812. 782 162**	**805. 108 2**	2. 844 442	4 013
	DE	812. 702 6	816. 126 868	814. 725 55	**0. 824 973**	**3 739**
F9	P_PSO_DE	911. 251 6	**913. 109 319**	912. 026 44	0. 407 891	4 075
	PSO	**910. 112 8**	913. 195 355	**911. 588 92**	0. 708 045	4 123
	DE	912. 189 7	913. 271 358	912. 958 56	**0. 198 935**	**3 935**
F10	P_PSO_DE	12 072. 43	480 609. 11	185 635. 33	107 406. 6	5 706
	PSO	**8 914. 576**	**89 192. 256 3**	**33 326. 159**	**18 584. 02**	5 587
	DE	731 396. 8	392 6301. 58	2 358 334. 5	708 546. 5	**5 553**
F11	P_PSO_DE	1 108. 564	**1 118. 114 76**	**1 113. 379 3**	**2. 398 914**	87 660
	PSO	1 111. 71	1 179. 321 52	1 118. 218 2	9. 093 417	87 741
	DE	**1 107. 702**	1 131. 839 77	1 119. 998 9	5. 164 908	**87 652**
F12	P_PSO_DE	1 257. 144	**1 916. 817 6**	**1 534. 656**	158. 962 2	13 196
	PSO	**1 249. 973**	2 226. 555 66	1 643. 195 7	191. 561 8	13 199
	DE	1 544. 304	2 231. 068 66	1 925. 847 5	**134. 986 2**	**13 161**
F13	P_PSO_DE	**1 627. 642**	**1 627. 642 34**	**1 627. 642 3**	4. 98E−13	21 813
	PSO	**1 627. 642**	1 642. 491 12	1 629. 105 6	3. 08 472	21 830
	DE	**1 627. 642**	**1 627. 64 234**	**1627. 6 423**	5. 18E−13	**21 730**
F14	P_PSO_DE	1 604. 291	1 616. 33 391	**1 607. 512 8**	**2. 350 961**	18 447
	PSO	**1 600**	1 697. 99 872	1 624. 795 8	21. 297 38	**17 937**
	DE	1 604. 291	**1 614. 870 42**	1 607. 681 9	2. 852 589	18 384
F15	P_PSO_DE	**1 800**	2 016. 206 49	1 859. 375 3	57. 412 84	477 047
	PSO	1 901. 946	2 497. 472 08	2 242. 178 4	130. 380 1	**464 458**
	DE	**1 800**	**1 934. 934 42**	**1 828. 586 3**	**42. 331 99**	486 822

　　从表2.14中可以看出，并行粒子群差分进化算法在 F4、F6、F11、F12、F14 这 5 个测试函数上的优化结果优于单一的粒子群优化算法和差分进化算法的优化结果。同时在 F1、F2、F3、F15 测试函数上的优化结果与这两个单一的优化算法优化结果中的较优者的差距较小。该混合算法在 F1、F3、F4、F6、F7、F11、F12、F13、F14、F15 这 10 个测试函数上的结果优于粒子群优化算法，并且在 F2、F4、F5、F6、F8、F9、F10、F11、F12、F14 这 10 个测试函数上的表现优于差分进化算法。说明并行混合粒子群优化算法和差分进化算法后的混合算法的性能有较大的提升。

　　由于粒子群优化算法和差分进化算法的收敛性一般且搜索能力较强、没有跳出局部最优能力。并行混合并不能互补对方的缺点，但考虑到收敛性且搜索能力较强有很大可能避免陷入局部最优，而粒子群优化算法的局部搜索能力相对较强，差分进化算法的全局搜索能力相对较强，并行混合后算法的搜索能力会有所增强，同时由于粒子群优化算法的性能受种群数量的影响较大，故并行粒子群差分进化算法的综合搜索能力有一定的提升。

　　图2.16给出了并行粒子群差分进化算法在这 15 个测试函数上的 50 次实验优化曲线的均值曲线，同时给出了粒子群优化算法和差分进化算法的优化均值曲线作对比。

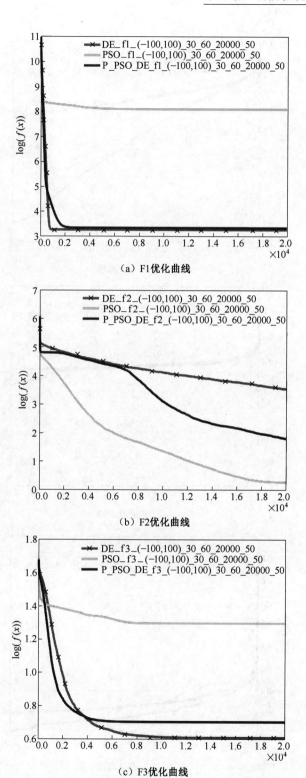

（a）F1优化曲线

（b）F2优化曲线

（c）F3优化曲线

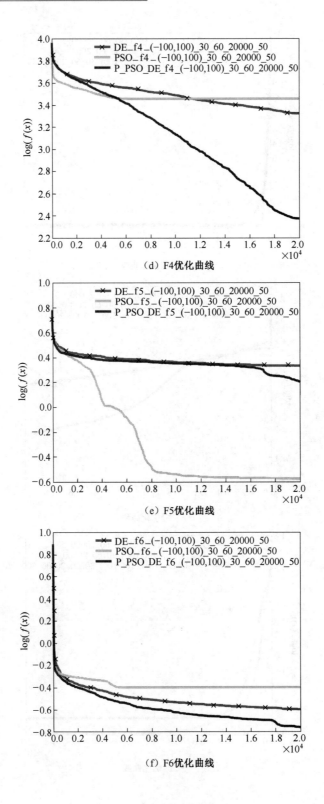

（d）F4优化曲线

（e）F5优化曲线

（f）F6优化曲线

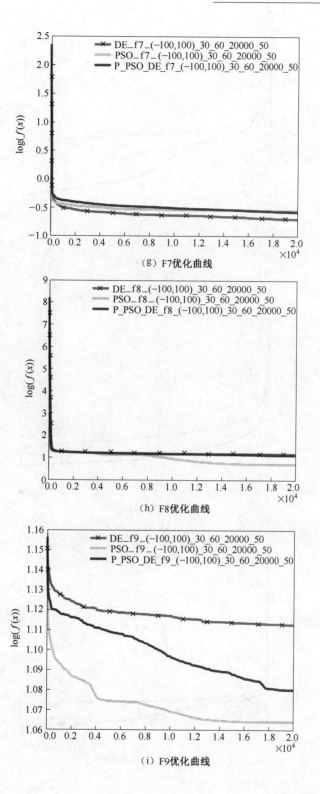

（g）F7优化曲线

（h）F8优化曲线

（i）F9优化曲线

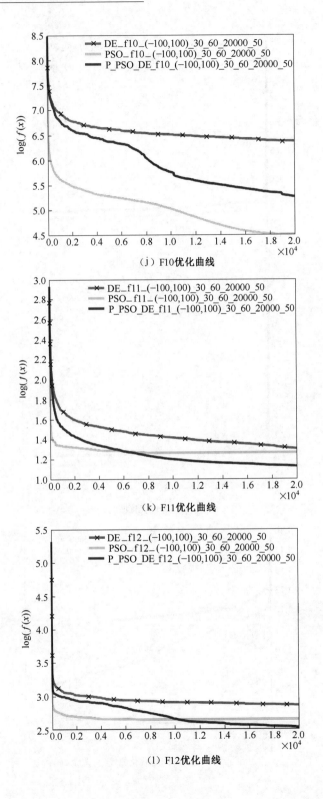

（j）F10优化曲线

（k）F11优化曲线

（l）F12优化曲线

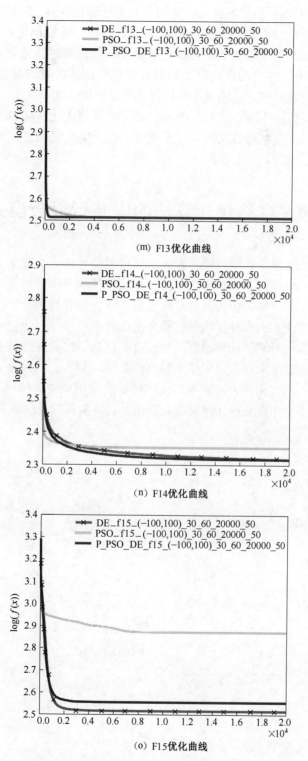

(m) F13优化曲线

(n) F14优化曲线

(o) F15优化曲线

图 2.16　并行粒子群差分进化算法函数优化曲线

从图 2.16 中可以看出，粒子群优化算法和差分进化算法在这 15 个测试函数上快速收敛且陷入局部最优的情况较少。从图 2.16（d）、图 2.16（f）、图 2.16（k）、图 2.16（l）中可以看出，该并行混合算法的搜索能力要强于粒子群优化算法和差分进化算法。而在 F1、F2、F3、F9、F10、F15 这 6 个粒子群优化算法和差分进化算法的优化结果相差较大的测试函数上，并行混合算法的优化结果与这两者中的较优者非常接近，如图 2.16（b）、图 2.16（c）、图 2.16（i）、图 2.16（j）、图 2.16（o）所示。由于粒子群优化算法和差分进化算法均没有跳出局部最优的操作，当这两种算法同在一个测试函数上陷入局部最优时，该并行混合算法也无法得到优于这两者的解。

2.4　自然优化算法的串并行混合模式

串并行混合算法相比单一的串行混合算法和并行混合算法更为复杂。其中较为简单的串并行混合算法是在单一的串行混合算法中，有一种或多种参与串行的算法实质是由多种算法并行混合而成的。与之对应的并串行混合算法则是在单一的并行混合算法中有一种或多种参与并行混合的算法实质上是由多种算法串行混合而成的。

当混合算法中的某一种算法同样也是一种混合算法时，混合算法将会出现更加复杂的情况。但由于算法的性能在很大程度上依赖于种群的数量，混合过程越复杂，分配给单一的基础算法的种群数越小，其优化能力可能并不优于种群数量相对较多的单一优化算法。由于情况复杂且篇幅有限，本章中没有给出串并混合算法的具体实现以及仿真实验。

第 3 章

基于混合智能优化算法的自适应图像增强方法

图像增强是基本的图像处理技术之一，其目的是使用特定的手段对图像进行加工，使特定的信息突显出来，使得图像有着更为清晰的视觉效果。目前，图像增强主要是在数字图像上进行实现，使用手动设置调节参数的图像增强方法效率较低，结果在很大程度上受操作人员的影响，可靠性较低；寻求一种计算机自适应调节参数的图像增强算法一直是重要的发展方向。定义某类图像质量评价函数，使用计算机自动求取最佳参数是图像增强的重要技术之一，然而常用的遍历法求取参数耗时过长，影响算法的实时性，本章重点讨论利用混合优化算法进行图像增强自适应最佳参数求取。

3.1　图像增强概述

图像增强方法根据其处理的空间不同，分为空域方法和频域方法。使用空域方法对图像进行操作是直接对图像的像素进行操作，使用频域方法对图像进行操作则是先将图像通过滤波器变为频域图像后，再处理并反变换为空域图像处理。灰度变换是一种基于像素操作空域的增强方法，它通过一定的规则将图像中每一个像素的灰度值修改为一个新的灰度值来进行图像增强，其关键是根据需求设计映射函数，其像素点的变换公式如下。

$$g(x, y) = T[f(x, y)] \tag{3.1}$$

其中，$f(x, y)$ 为图像中坐标为 (x, y) 处的像素的灰度值；$g(x, y)$ 为变换后的该像素的灰度值；函数 T 为其映射函数。

常用的灰度变换根据映射函数的图像的不同可分为线性变换、分段变换和非线性变换。

图像进行线性变换时，像素的灰度由区间 $[a_1, a_2]$ 变为区间 $[a_3, a_4]$，其变换公式如下：

$$g(x, y) = \frac{a_4 - a_3}{a_2 - a_1}[f(x, y) - a_1] + a_3 \tag{3.2}$$

分段变换则是线性变换的拓展，由多个不相同灰度范围的线性变换组合而成。

非线性变换则表示其映射函数图像由曲线组成，灰度变换中常用的 4 种非线性变换图像如图 3.1 所示。

图 3.1 （a）表示对图像中灰度值较低的部分进行拉伸；图 3.1 （b）表示对图像中灰度值较高的部分进行拉伸；图 3.1 （c）表示对图像中灰度值较低或较高的部分进行拉伸；

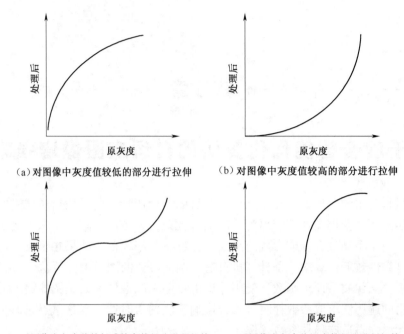

（a）对图像中灰度值较低的部分进行拉伸　　　　（b）对图像中灰度值较高的部分进行拉伸

（c）对图像中灰度值较低或较高的部分进行拉伸　　（d）对图像中灰度值居中的部分进行拉伸

图 3.1　灰度图像增强中的 4 种典型非线性变换

图 3.1（d）表示对图像中灰度值居中的部分进行拉伸。

Tubbs 提出了归一化的非完全 Beta 函数来自动拟合上面的 4 种典型的非线性变化曲线。非完全 Beta 函数 $F(x)$ 定义如下：

$$F(u) = B^{-1}(\alpha, \ \beta) \times \int_0^u t^{\alpha-1} \ (1-t)^{\beta-1} \mathrm{d}t \tag{3.3}$$

其中，$B(\alpha, \ \beta)$ 为 Beta 函数，其定义如下：

$$B(\alpha, \ \beta) = \int_0^1 t^{\alpha-1} \ (1-t)^{\beta-1} \mathrm{d}t \tag{3.4}$$

通常，$\alpha, \ \beta \in [0, \ 10]$。当 $\alpha < \beta$ 时，其变换函数将会拉伸灰度值较低的区域；当 $\alpha = \beta$ 时，变换取向将对称变换灰度，拉伸灰度居中的区域或者拉伸灰度值较低和灰度值较高的区域；当 $\alpha > \beta$ 时，该映射函数将会拉伸灰度值较高的区域。

使用归一化的非完全 Beta 函数来对图像进行增强的步骤如下。

（1）对图像的灰度进行归一化处理，将图像的灰度值映射到 $[0, \ 1]$ 范围内。

$$g(x, \ y) = \frac{f(x, \ y) - l_{\min}}{l_{\max} - l_{\min}} \tag{3.5}$$

其中，$l_{\min}$、$l_{\max}$ 为图像灰度值取值范围的最小值和最大值；$g(x, \ y)$ 为转化后的灰度值，$g(x, \ y) \in [0, \ 1]$。

（2）选取恰当的 α、β 确定非线性变换函数。

（3）使用变换函数对图像的灰度进行映射，并对图像进行反归一化处理。

$$g'(x, \ y) = F[g(x, \ y)] \tag{3.6}$$

$g'(x, \ y)$ 为使用非完全 Beta 函数映射后的函数的灰度值，$g'(x, \ y) \in [0, \ 1]$。

$$f'(x, y) = g'(x, y)(l_{max} - l_{min}) + l_{min} \tag{3.7}$$

$f'(x, y)$ 为灰度映射后反归一化后的灰度值。由式（3.7）可知，$f'(x, y) \in [l_{min}, l_{max}]$。

评价增强图像的质量的标准由以下公式确定：

$$fit = \frac{1}{MN} \sum_x^M \sum_y^N f'^2(x, y) - \left[\frac{1}{MN} \sum_x^M \sum_y^N f'(x, y) \right]^2 \tag{3.8}$$

其中，M、N 分别代表图像的宽、高；$f'(x, y)$ 为像素点 (x, y) 变换后的灰度值。由式（3.8）可知，fit 值越大，图像的对比度越大，图像的增强效果越好。

3.2　基于混合进化算法的 Beta 函数图像增强方法

由 Beta 函数图像增强方法的流程可以得知，其关键步骤即求得合适的 α、β 来确定灰度变换函数，使式（3.8）所求得的值最大。其中，α、$\beta \in [0, 10]$，若 α、β 搜索精度为 10^{-1}，则其计算次数为 $(10/10^{-1}) \times (10/10^{-1}) = 10^4$，当 α、β 搜索精度为 10^{-a} 时，其计算次数为 $(10/10^{-a}) \times (10/10^{-a}) = 10^{2a+2}$，可见当精度要求较高时，其计算量极大，可将其视为二维连续函数的寻优问题，可以使用智能优化算法加速其求解过程。

为了验证混合进化算法对 Beta 函数图像增强方法进行优化的有效性，本书使用第 2 章中得出的较优的 4 种混合算法，串行粒子群杜鹃搜索算法、串行差分进化杜鹃搜索算法、并行差分进化遗传算法和并行粒子群差分进化算法，与对应的单一的优化算法对 Beta 函数图像增强方法进行优化，通过对比结果的评价函数统计值即其最优值、最差值和标准差、运行时间来比较其寻优效果。实验使用 moon phobos、pollen、遥感图像 1、遥感图像 2 这 4 幅标准测试图像来进行测试。这 4 幅图像的直方图如图 3.2 所示。

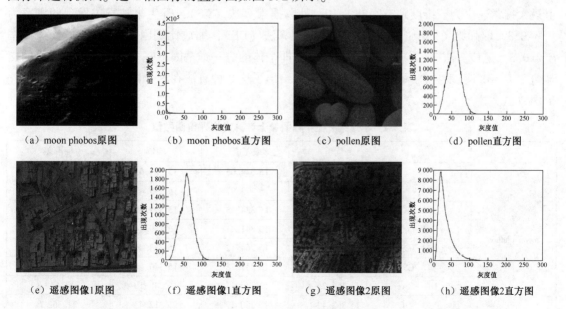

（a）moon phobos原图　　（b）moon phobos直方图　　（c）pollen原图　　（d）pollen直方图

（e）遥感图像1原图　　（f）遥感图像1直方图　　（g）遥感图像2原图　　（h）遥感图像2直方图

图 3.2　原图与灰度直方图

图 3.3 给出了这 4 幅图像进行图像增强后的图像及其直方图。

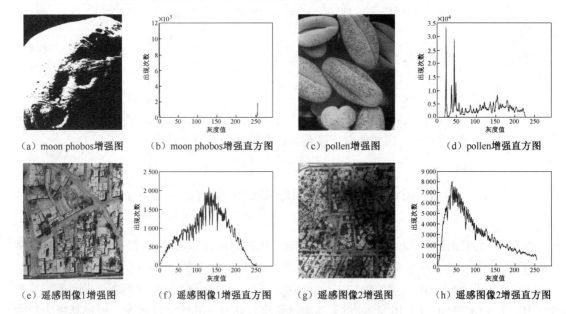

|（a）moon phobos 增强图|（b）moon phobos 增强直方图|（c）pollen 增强图|（d）pollen 增强直方图|
|（e）遥感图像1增强图|（f）遥感图像1增强直方图|（g）遥感图像2增强图|（h）遥感图像2增强直方图|

图 3.3　增强后的图像与灰度直方图

为了充分比较上述算法的性能，避免算法的随机性对结果的影响，每种算法对每个图像的实验将重复进行 50 次，然后将对这些结果进行比较、分析。图像分割实验环境为 Windows 10 操作系统，处理器为 Intel 4.0 GHz，8 GB 内存，算法使用 Java 1.8 在 eclipse 平台编写，图像处理模块使用 OpenCV 3.2.0。实验中的算法的参数设置如下：所有算法的种群规模为 20，最大迭代次数为 200。单一算法的参数与第 2 章中的设置相同：粒子群优化算法（PSO），学习因子 $c_1 = c_2 = 2$，惯性系数 $\omega = 1$ 且其惯性系数将随迭代次数增加由 1 线性递减至 0，各方向上最大搜索速率为该维度解空间的 1/10。杜鹃搜索算法（CS），寄生巢被寄主发现的概率为 $P_a = 0.3$，取列维飞行步长 $\alpha = 10$。差分进化算法（DE），缩放比例因子 $F = 0.5$，交叉概率 $C_R = 0.3$。遗传算法（GA），编码为十进制，即个体的每一个基因由一个实数表示，选取的交叉概率 $R_c = 0.8$，变异概率 $R_a = 0.05$。表 3.1 给出了这 8 种算法在这 4 幅图像上所计算出的评价函数值。

表 3.1　8 种算法在 4 幅图像上计算出的评价函数值

图像	算法	最优值	最差值	均值	标准差
moon phobos	PSO	15 324.65	**15 324.65**	15 324.65	**0**
	CS	15 344.46	15 273.97	15 295.47	19.774 64
	DE	**15 356.38**	**15 324.65**	**15 341.14**	13.237 63
	GA	15 240.62	10 841.41	13 749.44	1 210.878
	S_PSO_CS	15 280.44	15 264.12	15 273.46	2.468 139
	S_DE_CS	**15 356.38**	15 311.78	15 340.61	13.258 2
	P_DE_GA	15 356.25	13 366.12	15 248.19	317.643 8
	P_PSO_DE	15 352.42	15 250.17	15 312.43	31.352 7

续表

图像	算法	最优值	最差值	均值	标准差
pollen	PSO	**3 670.396**	3 664.747	3 667.835	1.911 362
	CS	**3 670.396**	**3 670.396**	**3 670.396**	**0**
	DE	**3 670.396**	3 667.618	3 670.197	0.492 995
	GA	3 658.736	3 552.514	3 621.765	24.120 28
	S_PSO_CS	**3 670.396**	3 669.307	3 670.283	0.307 186
	S_DE_CS	**3 670.396**	3 669.532	3 670.378	0.120 859
	P_DE_GA	**3 670.396**	3 525.47	3 666.539	20.228 61
	P_PSO_DE	**3 670.396**	3 664.568	3 669.844	1.134 039
遥感图像 1	PSO	**2 828.925**	2 825.955	2 827.426	0.951 71
	CS	**2 828.925**	**2 828.721**	**2 828.872**	**0.089 526**
	DE	**2 828.925**	2 828.144	2 828.777	0.210 605
	GA	2 824.29	2 717.686	2 790.825	26.051 43
	S_PSO_CS	**2 828.925**	2 828.144	2 828.8	0.192 269
	S_DE_CS	**2 828.925**	2 828.144	2 828.753	0.224 966
	P_DE_GA	**2 828.925**	2 826.528	2 828.443	0.638 246
	P_PSO_DE	**2 828.925**	2 826.277	2 828.453	0.483 559
遥感图像 2	PSO	**3 853.839**	3 848.714	3 850.91	1.241 193
	CS	**3 853.839**	**3 853.839**	**3 853.839**	**0**
	DE	**3 853.839**	3 850.599	3 853.738	0.482 049
	GA	3 844.975	3 730.415	3 814.615	26.273 06
	S_PSO_CS	**3 853.839**	3 850.599	3 853.703	0.563 347
	S_DE_CS	**3 853.839**	3 850.599	3 853.734	0.488 518
	P_DE_GA	**3 853.839**	3 689.168	3 849.887	22.991 41
	P_PSO_DE	**3 853.839**	3 849.688	3 853.511	0.813 937

从表 3.1 可以看出，除了遗传算法以及并行差分进化遗传算法的其他 6 种算法几乎都得出了最佳的最优值。这 6 种算法中杜鹃搜索算法在这 4 幅图像中的 3 幅得到了最佳的平均值，其他的 5 种算法所得结果与最佳值非常的接近；两种单一算法的结果相对不稳定，如粒子群优化算法在这 4 幅图像上的结果与最佳值有一定的差距，3 种混合算法的结果相对稳定，在这 4 幅图像中的结果与最佳值差距较小。

3.3　基于 FPIO 算法的非完全 Beta 函数图像增强方法

基于非完全 Beta 函数图像增强方法的参数选取过程实质上是一种寻求最优值的过程，可以看成是非完全 Beta 函数的求解问题。对于取值范围为（0，10）的 α、β，若参数取值的搜索精度设定为 10^{-1}，则枚举所有参数组合对需要 10^4 次评价标准函数计算，如果搜索精度是 10^{-2}，则枚举所有参数组合对需要 10^6 次计算，总的来看，基本算法的时间复杂度是

$O(10/\mathrm{Acc})^2 \cdot M \cdot N$，Acc 代表搜索精度，搜索精度越高，计算耗时越长，基本归一化的非完全 Beta 函数图像增强方法计算非常耗时，效率低下。而 FPIO 算法具有较优的全局寻优能力和较快的寻优速度，使用 FPIO 算法对该问题进行优化，具体思路和算法流程如下。

（1）解的编码。对于非线性灰度变换图像增强方法，为了得到理想的增强效果，对于待增强"降质"图像，必须能够找到合适的对比度变换函数。归一化的非完全 Beta 函数有两个参数 α、β 需要确定，不同的 α、β 组合可以拟合出形态各异的非线性变换函数。最优参数 α、β 的求解问题可以视为两个参数的组合优化问题，可以使用智能优化算法加快求解过程，因此这里运用 FPIO 算法寻找最佳的 α、β 值。由于 FPIO 算法可以直接用于连续的优化问题的求解，这里参数 α、β 的取值范围是连续区间，故这里直接采用两个十进制实数对参数 α、β 分别进行编码，其取值范围为（0，10），其中每个解的编码长度为 2，即对于每一只鸽子，它的空间坐标位置为二维，每只鸽子的位置对应于一对参数（α，β），其位置的好坏由使用这两个参数进行增强后图像的质量决定。

（2）适应度函数的定义。FPIO 算法需要优化函数指导才能够逐渐寻找到最优值。在这里，适应度函数是对每只鸽子空间位置好坏的度量，适应度函数值越大，表明鸽子的位置越好，根据本章图像增强的具体问题，使用每只鸽子的二维空间位置 X_i 向量作为 α、β 参数对图像进行归一化的非完全 Beta 函数增强，采用式（3.8）作为适应度函数对增强后的图像进行评价，函数值越大表明图像增强的效果越明显，也说明对应此参数的鸽子空间位置越优。

（3）算法执行。算法的具体执行过程如图 3.4 所示，其中利用 FPIO 算法确定最优变换参数 α、β 的过程基本同 FPIO 算法，这里不再赘述。

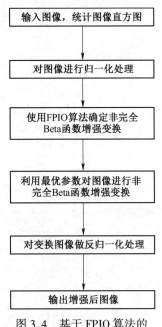

图 3.4　基于 FPIO 算法的图像增强方法流程图

3.3.1　评价体系

对图像增强效果的评价可以从定性和定量两方面进行。定性分析主要从人的主观感觉出发，依靠图像的视觉效果进行评价。一般从图像的清晰度、色调、纹理等几个方面进行主观评价；对于图像增强的定量分析而言，目前并没有统一的评价标准。一般可以从图像的信息量、标准差、均值、纹理度量值和具体研究对象的光谱特征等几方面与原始图像进行比较评价。

定性分析尽管具有主观性，但却可以从一幅图像中有选择地对感兴趣的具体研究对象进行重点比较和评价，因此定性分析可以对图像的局部或具体研究目标进行评价。定量分析虽然比较客观公正，但通常是对一幅图像从整体上进行统计分析，很难对图像的局部或具体对象进行评价。而且由于定量分析是对整体图像的分析，容易受到噪声等因素的影响。因此，对图像增强效果的评价一般以定性分析为主。

本章在对增强前后图像做定性分析的基础上，还分别对图像的适应度均值、适应度标准差及信息熵做客观评测，综合考量几种改进增强算法的性能。

（1）均值。在统计学习理论中，统计均值的计算方法为

$$\mu = \frac{1}{N} \sum_{i=1}^{N} x_i \tag{3.9}$$

其中，N 为图像的总像素数；x_i 为第 i 个样本值。均值能体现图像的平均亮度，适中的均值代表图像的视觉效果良好。

（2）标准差。标准差可以体现图像的局部对比度；其表达式为

$$\sigma = \sqrt{\frac{1}{N-1} \sum_{i=1}^{N} (x_i - \mu)^2} \tag{3.10}$$

（3）信息熵。熵是信息量的度量。设图像直方图的灰度范围为 $\{0, 1, \cdots, L-1\}$；$p(k)$ 是灰度值为 k 的像素数占图像总的像素数之间的比例，即概率密度；总的灰度级数是 L，则信息熵的数学表达式如式（3.11）所示：

$$H = - \sum_{i=0}^{L-1} p(k) \log_2 p(k) \tag{3.11}$$

熵是信息量的度量。信息熵是判断图像信息是否丰富的一个关键指标。根据信息熵理论可以得出，如果图像的信息熵越大，说明图像的细节越丰富，信息量越大。

（4）各算法处理效果的比较可以通过图像对比度改善指数 CII 衡量（对比度改善指数越大，图像增强越好）。CII 定义为

$$\text{CII} = \frac{C_{\text{processed}}}{C_{\text{original}}} \tag{3.12}$$

其中，$C_{\text{processed}}$ 表示处理后图像的对比度；C_{original} 表示原始图像的对比度。

从根本上讲，图像增强效果的好坏除与具体算法有一定关系外，还与待增强图像的数据特征有直接关系。因此，一个对某一图像效果好的增强算法不一定适合于另一个图像。一般情况下，为了得到满意的图像增强效果，常常需要同时挑选几种合适的增强算法进行相当数量的实验，从中选出视觉效果比较好的、计算量相对小的、又满足要求的最优算法。因此，本章将选取遗传算法、基本鸽群算法和改进后的鸽群算法分别与非完全 Beta 函数图像增强法结合，横向对比各个算法的性能指标。

■3.3.2 实验仿真与分析

本章的实验仿真环境为 Windows 10 操作系统，处理器为 Intel i5-3210，CPU 4×2.5GHz，8 GB RAM，使用的编程工具是 Matlab 2016b。

增强前后的图像及其灰度分布直方图如图 3.5 所示。

经过基于 FPIO 算法的非完全 Beta 函数增强法处理后，从增强效果来看，增强后的图像对比度明显增大，这与图 3.5 中选择与图像对比度成正相关的均方误差作为适应度函数有很大关系；从灰度分布直方图来看，增强后的图像较原图质量更为均匀平滑，对于原图中突出

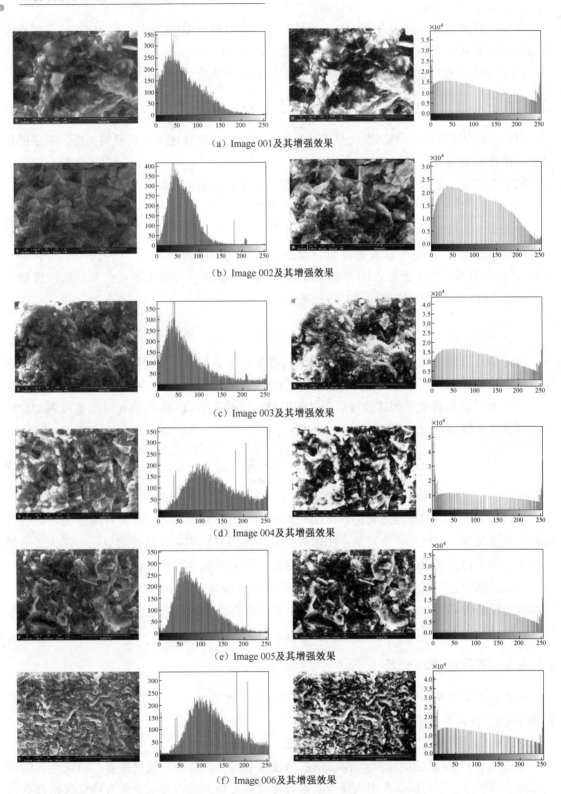

（a）Image 001及其增强效果

（b）Image 002及其增强效果

（c）Image 003及其增强效果

（d）Image 004及其增强效果

（e）Image 005及其增强效果

（f）Image 006及其增强效果

图 3.5　基于 FPIO 算法的非完全 Beta 函数图像增强效果

的噪点（原图灰度直方图中异常突出的部分）也有很好的消除效果。

为进一步对比提出算法和传统优化算法在归一化的非完全 Beta 函数参数求解优化问题中的性能，本章在相同条件下实现了基于 GA 算法和标准 PIO 算法（并行输入／输出）优化的非完全 Beta 函数图像增强方法。3 种算法的参数设置如下：群体中个体维数为 50，最大迭代次数为 50。GA 算法中的基本参数设置为：交叉概率为 0.6，变异概率为 0.02。PIO 算法中全局搜索算子迭代次数为 50，局部搜索算子迭代次数为 10。FPIO 算法的算子运行参数同标准 PIO 算法，扰动对象的概率为 2/3。以上 3 种算法均运行了 50 次。

表 3.2 和表 3.3 分别给出了 Image 001～Image 006 经过 3 种算法增强处理后得到的各项指标，对它们的分析采用 3.3.1 小节中的评价体系作为统一评判标准。

表 3.2　Image001～Image003 增强后的各项指标

Image	001			002			003		
算法	GA	PIO	FPIO	GA	PIO	FPIO	GA	PIO	FPIO
最大值	3 502.5	3 648.5	3 648.6	2 874.9	3 014.2	3 015.8	4 320.6	4 561.3	4 565.8
最小值	3 475.6	3 649.9	3 648.0	2 808.3	3 007.1	3 017.9	4 308.7	4 495.7	4 566.9
均值	3 494.4	3 647.8	3 648.5	2 873.4	3 009.5	3 016.5	4 314.9	4 548.9	4 566.1
标准差	2.941 5	0.544 2	0.265 4	2.478 1	0.687 4	0.285 1	2.415 6	0.655 8	0.205 8
CII	3.356 8	3.486 9	4.000 4	5.219 2	5.472 3	5.591 0	3.195 0	3.373 0	3.530 5
信息熵	6.453 3	6.497 7	6.570 7	6.710 7	6.727 2	6.745 9	6.175 2	6.352 0	6.368 1
α	2.500 000	3.504 776	3.588 737	3.398 438	3.208 969	2.869 534	2.500 00	3.286 896	3.137 093
β	9.804 688	9.979 914	9.993 034	9.296 875	9.863 489	9.9 990 606	9.453 125	6.501 180	9.9 999 386

表 3.3　Image004～Image006 增强后的各项指标

Image	004			005			006		
算法	GA	PIO	FPIO	GA	PIO	FPIO	GA	PIO	FPIO
最大值	6 150.3	6 291.1	6 295.8	6 029.3	6 081.3	6 098.9	8 397.2	9 009.4	9 108.9
最小值	6 118.9	6 250.9	6 294.1	6 015.1	6 014.8	6 085.4	8 359.4	8 987.4	9 098.0
均值	6 142.8	6 278.7	6 295.2	6 012.5	6 074.5	6 095.1	8 389.5	8 994.2	9 099.1
标准差	2.698 4	0.489 2	0.198 5	2.584 1	0.498 5	0.301 7	2.158 9	0.581 4	0.248 9
CII	2.748 1	2.811 0	2.932 0	3.488 9	3.519 0	3.828 3	3.250 8	3.487 8	3.513 8
信息熵	6.148 9	6.212 1	6.296 1	6.249 8	6.362 1	6.597 6	6.406 6	6.417 7	6.620 0
α	9.140 625	9.968 502	9.995 879 6	6.562 50	7.069 174	6.063 300 6	7.968 750	7.424 698	9.999 97
β	9.648 437 5	5.535 416	9.997 866 7	9.804 687 5	9.994 916	9.999 591	9.921 875	7.578 842	9.996 801

在表 3.2 和表 3.3 中，前 4 项指数均为适应度值的各项指标，通过分析我们可以得到以下信息。

（1）最优适应度值（最大值）越大，代表了图像灰度分布越均匀，图像对比度越高，图像质量越好。从表中第1行数据可以看出，6幅图像对应的最优适应度值最大者均为FPIO算法，其次是PIO算法，最后是GA算法，这说明同等条件下FPIO算法的搜索能力最强。

（2）表中的第3行为适应度均值，均值能体现图像的平均亮度，3种算法相差不大，说明它们处理后的图像的视觉效果比较接近。

（3）表中的第4行数据代表适应度值的标准差，标准差越小说明算法性能越稳定。从统计数据来看，运行50次之后FPIO算法和PIO算法均比GA算法稳定，其中FPIO算法对应的标准差最小低至0.1985，最大也只有0.3017，在3种算法中稳定性最好。

（4）表中第5行数据代表对比度改善指数，CII越大说明图像增强效果越好。从6幅图像对应的数据来看，3种算法的CII均大于1，这表示3种算法实现的图像增强均得到了对比度增强的效果。其中，FPIO算法的这一指数均大于GA算法和PIO算法，说明FPIO算法的图像增强效果最好。

（5）信息熵是判断图像信息是否丰富的一个关键指标，如果图像的信息熵越大，说明图像的细节越丰富，信息量越大。从表中第6行数据可以看出，3种算法的信息熵都相差无几，而FPIO算法对应的数值最大，说明经过FPIO算法增强的图像最为清晰，细节信息最为丰富。

第4章

基于混合智能优化算法的图像去噪方法

4.1 概　述

数字图像会受到多种因素的影响，如传感器获取图像的局限性、透镜器件的缺陷、压缩和传输过程中的伪影等，从而受到噪声的污染。例如，如果图像的传输依靠的是无线网络，就比较容易受到大气因素而被污染，一旦图像的峰值信噪比低于一定值，图像的质量就会下降，影响视觉效果，严重时甚至掩盖掉图像的细节部分，对图像融合、分割、理解、模式识别、特征提取、边缘检测等后续步骤造成一定的影响。所谓的图像去噪，也称图像滤波，它属于复原的技术范畴，其目的是采取某些手段改善给定图像的质量，在保持边缘、角点和纹理等重要特征的同时，减少噪声的数量。

现代图像去噪技术不论是理论基础还是算法应用，都已经更为成熟和系统，应用领域也越发广泛深入，如天文成像，医学的 CT（计算机断层扫描）、X 光、核磁共振图像等成像系统，军事公安侦测等领域；该技术能够抑制甚至消除各种因素引入的噪声，为相应领域的应用提供图像技术上的支持。当然，上面所列出的图像去噪只是其应用领域的一部分，随着各应用领域技术的更新和提高，图像去噪也不断有新的要求，这也推动着图像去噪技术发展的不断进步和提高。

4.2 噪声描述

图像噪声不可预测且具有随机性，这种随机性因素体现在传输、数字化和记录中的噪声污染，如感光元件 CCD（电荷耦合元件）、CMOS（互补金属氧化物半导体）的传输干扰和记录计算误差等，在一般情况下只能通过概率统计的方法认识这种随机误差。根据噪声和图像信息之间的关系，可以将图像的噪声分为两大类型：①加性噪声；②乘性噪声。假设图像信号为灰度图像，其中非退化的图像用 $f(x, y)$ 表示，同时可以将加性噪声 $\eta(x, y)$ 看作对于亮度的干扰，$g(x, y)$ 表示为受到噪声污染的输出图像。那么加性噪声的数学模型定义为

$$g(x, y) = f(x, y) + \eta(x, y) \tag{4.1}$$

而乘性噪声的数学模型定义如下：

$$g(x, y) = f(x, y) \left[1 + \eta(x, y) \right] \qquad (4.2)$$

放大器噪声就是加性噪声，而光量子噪声、胶片颗粒噪声等噪声则为乘性噪声。由于乘性噪声的数学模型在分析和计算方面比较复杂，同时，通常情况下在信号变化很小时，乘性噪声的第 2 项可以近似看作不变，因此，为了达到去噪简便的效果，往往将乘性噪声近似地视为加性噪声来处理，同时我们假定图像的有效信号与噪声是可分的并且互相独立。图像受到噪声的污染后，势必会造成图像整体上的质量下降，把这个过程视为图像的降质过程，如图 4.1 所示。

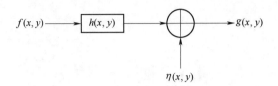

图 4.1　图像受噪声的降质过程

在空间域中，整体图像降质模型可以用以下方程表示：

$$g(x, y) = h(x, y) * f(x, y) + \eta(x, y) \qquad (4.3)$$

其中，$h(x, y)$ 是退化函数，符号 $*$ 表示函数之间的卷积操作。然而，在有些情况下，图像上唯一考虑的退化因素是加性噪声，即为式 (4.1)。在这种情况下，由于函数 $\eta(x, y)$ 通常是未知的，因此使用不同的概率密度函数来估计 η，从而为抑制数字图像的噪声提供了基础。

元启发式算法也主要用于调整均值滤波器的参数或小波变换的估计阈值。

4.3　噪声滤波器

在空间域中，进行图像去噪最常用的技术是基于平滑图像以抑制噪声的滤波器。用于抑制图像噪声的滤波器分为线性滤波器和非线性滤波器。线性滤波器可以表示为核（滤波器）通过噪声图像的卷积以产生所滤波的图像。与其相反，任何不能表示为卷积运算的滤波器都是非线性滤波器。影响图像的噪声主要是高斯噪声和脉冲噪声。

（1）高斯噪声滤波器。高斯噪声的概率密度函数服从高斯分布，电子噪声和光电子噪声都属于高斯噪声的范畴。高斯噪声的概率密度函数为

$$p(z) = \frac{1}{\sqrt{2\pi}\,\sigma} \mathrm{e}^{-\frac{(x-\mu)^2}{2\sigma^2}} \qquad (4.4)$$

其中，z 表示灰度值；μ 表示 z 的期望值；σ 表示 z 的标准差。

一般选用均值为零的高斯分布来作为这两种噪声的数学模型，并且具有高斯特征的直方图和平坦的功率谱密度。具体操作时是对图像做平滑处理，比较典型的平滑算法包括中值滤波和维纳滤波两种。

（2）脉冲噪声滤波器。脉冲噪声的概率密度函数为

$$p(z) = \begin{cases} P_a, & z = a \\ P_b, & z = b \\ 1 - P_a - P_b, & \text{其他} \end{cases} \tag{4.5}$$

函数表示为存在概率分别为 P_a 和 P_b 的双击脉冲。图像中的脉冲噪声一般为椒盐噪声，即 $a = 0$ 表示为椒噪声，在图像中显示为一个黑点。$b = 255$ 表示为盐噪声，在图像中显示为一个白点。

针对此噪声的滤波器大多为中值滤波器及其改进型。比较典型的是一种自适应的中值滤波器，该滤波器根据噪声的强度来改变滤波器窗口的大小。除此之外，还出现了一种将数学形态学和中值滤波相结合的新型中值滤波器，同样取得了良好的效果。

同样，还有许多去噪方法是在频域中进行的。频域滤波技术就是首先对图像进行某种变换；其次根据图像噪声的频率范围对变换域中的变换系数进行滤波处理；最后进行反变换，将图像反变换回空域。常见使用诸如傅立叶变换或小波变换的技术。

如今，元启发式算法也被应用于图像去噪问题。

4.4　遗传算法优化 BP 神经网络的图像去噪

在各种神经网络图像处理应用领域的研究中，80%～90% 应用采用的是反向传播（back propagation，BP）神经网络。由于 BP 算法本质上为梯度下降法，而它所要优化的目标函数又非常复杂，因此，必然会出现"锯齿形现象"，这使得 BP 算法低效，而且存在麻痹现象，由于优化的目标函数很复杂，它必然会在神经元输出接近 0 或 1 的情况下，出现一些平坦区，在这些区域内，权值误差改变很小，使训练过程几乎停顿。这就使得元启发式算法应用在 BP 算法上成为可能。通过遗传算法结合 BP（GA-BP）算法，不断优化权阈值，不仅能够解决传统 BP 算法存在的全局搜索能力不足的问题，同时也能够解决传统 BP 算法对初始值敏感的缺点，加快收敛速度，增强全局搜索能力。

4.4.1　算法步骤与实现

基于 GA-BP 算法去除图像噪声的大致步骤如下：通过图像的输入参数和输出参数确定 BP 神经网络的拓扑结构、通过 BP 神经网络的拓扑结构确定遗传算法的优化参数、遗传算法优化 BP 神经网络的权值和阈值、BP 神经网络训练和预测。

图像归一化是图像复原前不可缺少的预处理步骤，目的是保持仿射的不变性以及提高计算的精确度。对于 8 bit 的灰度图像，归一化的结果就是将图像像素点灰度值从 [0, 255] 映射到 [0, 1] 之间，归一化的公式如下：

$$f'(x, y) = \frac{f(x, y) - 0}{255 - 0} \quad (x = 1, 2, \cdots, M; \ y = 1, 2, \cdots, N) \tag{4.6}$$

其中，$f'(x, y)$ 表示归一化后图像在像素点 (x, y) 处的值；$f(x, y)$ 表示归一化前图像在像素点 (x, y) 处的值；M 和 N 分别表示图像矩阵的行数和列数。

4.4.2 样本的选取与训练

图像中的某一点的灰度值在退化过程中与它周围点的灰度值有密切关系，距离越小，这种影响作用就越大，所以具有相同灰度值的像素点，如果其邻域不同，退化后的灰度值会有较大差异，可以认为，清晰图像的像素点与相应的模糊图像的对应像素点的邻域高度相关。为了充分考虑邻域的影响，算法采用滑动窗口来提取图像特征，获得 BP 神经网络的输入。一般地，采用 3×3 的滑动窗口可以充分地利用模糊图像邻域之间的这种联系。图 4.2 表示 3×3 的滑动窗口对图像训练样本的提取过程。如图中所示，以 (x_k, y_k) 为中心的

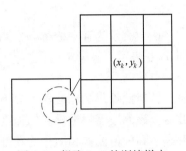

图 4.2　提取 3×3 的训练样本

周围 8 邻域组成训练样本 P_k，作为目标逼近的参照，T_k 为原始图像中对应像素点的值。为了减少训练的次数，滑动窗口每隔 3 行进行取样。给定 n 个输入/输出对 (P_k, T_k)，$(k=1, 2, \cdots, n)$ 作为训练样本，k 是第 k 个训练向量。

根据 Kolmogorov 理论，以 sigmoid 函数作为激励函数的 3 层神经网络可以逼近任意连续函数，因此，在算法中采用标准的 3 层 BP 神经网络。输入层有 9 个节点，也就是 3×3 滑动窗口中像素的数目，输出层为一个节点，即滑动窗口中心对应的退化图像像素。

在 3 层神经网络中，隐含层神经元的个数和输入层神经元的个数之间有以下关系：

$$n_2 = \sqrt{n_1 + m} + \alpha \tag{4.7}$$

其中，n_2 表示隐含层神经元的个数；n_1 表示输入层神经元的个数；m 表示输出层神经元的个数；α 表示一个 1~10 的常数，隐含层节点的数目对于整个 BP 神经网络的学习性能有很大影响，在这里取隐含层神经元个数为 19。则用于图像去噪的 BP 神经网络的拓扑结构为 9：19：1，如图 4.3 所示。隐含层神经元的传递函数采用双正切函数 tansig，输出层则采用斜率为 1 的线性函数 purelin，因为输出为图像的像素值，线性函数满足输出的要求。神经网络的权值和阈值一般是通过随机初始化为 [−1, 1] 区间的随机数。

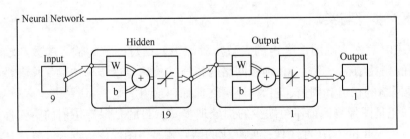

图 4.3　BP 神经网络的拓扑结构

学习过程采用 Levenberg-Marquardt（LM）算法对网络进行训练，该方法需要较大的存储容量，但学习时间短、收敛快、误差小。将输入矩阵和目标矩阵输入 BP 神经网络中进行训练，当网络收敛到误差以下时，训练结束。最后将退化图像输入训练好的 BP 神经网络并映射输出，即可得到复原图像。

遗传算法中，个体编码使用二进制编码，每个个体均为一个二进制串，由输入层与隐含

层连接权值、隐含层阈值、隐含层与输出层连接权值、输出层阈值 4 部分组成，每个权值和阈值使用 M 位的二进制编码，本算法设置编码均为 10 位二进制数。将所有权值和阈值的编码连接起来即为一个个体的编码。因为 BP 神经网络的结构为 9∶19∶1，即输入层、隐含层和输出层分为是 9 个、19 个和 1 个节点，共有 9×19+19×1=190（个）权值和 19+1=20（个）阈值，即遗传算法优化参数的个数为 190+20=210 个，那么个体的编码长度为 2 100。

　　为了使在 BP 神经网络中，预测值与期望值的残差小，在此采取预测样本的预测值和期望值之间的误差矩阵的范数作为目标函数输出，然后用排序的方式进行分配。

　　遗传算法部分的染色体选择、交叉和变异与传统的遗传算法方式相同。

■ 4.4.3　实验结果

　　训练所使用的图像是 200×200 大小的 lena 图像，对其进行均值为 0，方差为 0.01 的高斯噪声模糊。对模糊后的图像进行 3×3 窗口的滑动提取训练样本，并取相应矩阵的中间像素点为样本输出，进行训练。本例中，BP 神经网络训练次数为 1 000，训练目标为 0.01，学习速率为 0.1。遗传算法初始的个体数目为 30，最大遗传迭代次数为 50，交叉概率为 0.7，变异概率为 0.01。用训练好的 GA-BP 神经网络对 football 和 cameraman 进行去噪，对应的 3 幅图分别为原图、高斯噪声模糊图像和通过 GA-BP 算法去噪后的图像，如图 4.4 和图 4.5 所示。

图 4.4　football 原图、噪声图和去噪图

图 4.5　cameraman 原图、噪声图和去噪图

4.5 粒子群优化算法混合遗传算法的图像去噪

交叉是遗传算法的核心步骤之一。交叉操作是指对两个相互配对的染色体按某种方式相互交换其部分基因，从而形成两个新的个体，采用了概率变迁的规则来指导自己个体的搜索方向。可以借鉴遗传算法中交叉的思想，运用到粒子群优化算法中，使粒子群优化算法的搜索能力得以提高。

■ 4.5.1 非局部均值去噪

非局部均值图像去噪的算法，是由 A. Buades、B. Coll 等提出的一种非线性滤波方法。图像非局部均值滤波的原理和空间局部滤波不相同，局部空间滤波实质上是在频域上对图像进行滤波处理，而非局部均值滤波利用了噪声的非相关的特性。顾名思义，非局部均值滤波就意味着它使用图像中的所有像素，而不仅仅是邻域像素，这些像素根据某种相似度进行加权平均。滤波后图像清晰度高，而且不丢失细节。

如图 4.6 所示，一幅图像中，具有许多相同图像的块。其中块 1 和块 2 分别是两个不同的相似块。

其基本的出发点就是多幅相同的噪声点图像进行加权平均后，图像效果良好。同样的，在一幅图像中，若能找到相同性质区域进行加权平均，也能达到去噪的目的，并能较好地除去高斯噪声。

下面给出非局部均值算法的定义。对于给定的噪声图像 $v = \{v(i) \mid i \in I\}$，对于某像素点 i，其估计值为

$$NL[v](i) = \sum_{j \in I} w(i, j) v(j) \qquad (4.8)$$

其中，$NL[v](i)$ 代表估计后的值；w 代表权重。衡量相似度的方法有很多，最常用的是根据两个像素亮度差值的平方来估计。

图 4.6 图像中的相似块

由于有噪声，单独的一个像素并不可靠，所以使用它们的邻域，只有邻域相似度高才能说这两个像素的相似度高。衡量两个图像块的相似度最常用的方法是计算它们之间的欧式距离：

$$w(i, j) = \frac{1}{Z(i)} e^{-\frac{\| v(N_i) - v(N_j) \|_{2, a}^2}{h^2}} \qquad (4.9)$$

$Z(i)$ 是归一化因子：

$$Z(i) = \sum_j e^{-\frac{\| v(N_i) - v(N_j) \|_{2, a}^2}{h^2}} \qquad (4.10)$$

其中，a 是高斯核的标准差。在求欧式距离的时候，不同位置的像素的权重是不一样的，距离块的中心越近，权重越大；距离块的中心越远，权重越小，权重服从高斯分布。实际计算中考虑到计算量的问题，常常采用均匀分布的权重。式中的 h 为滤波参数，如果过小则无

法去除足够多的噪声，过大则会使图片模糊。故 h 可作为优化参数，用优化算法得到最好的适应度值 h 以达到更好的去噪效果。

4.5.2　混合交叉的粒子群优化算法

如前所述，混合交叉的粒子群优化算法是将遗传算法中的交叉这一步骤应用到粒子群中。在每次的迭代中，都需要根据交叉概率将一定数量的粒子进行交叉，交叉采用随机的两两交叉，交叉产生子代粒子 (s)，然后用子代粒子代替父代粒子 (p)。子代的位置如下所示，它是由父代位置交叉得到的。

$$sx = i \cdot px(1) + (1 - i) \cdot px(2) \tag{4.11}$$

其中，px 代表父代粒子的位置；sx 代表子代粒子的位置；i 为一个 0~1 的随机数。

子代粒子的速度更新公式如下：

$$sv = \frac{pv(1) + pv(2)}{|pv(1) + pv(2)|} |pv| \tag{4.12}$$

其中，pv 代表父代粒子的速度；sv 代表子代粒子的速度。

4.5.3　算法步骤

混合交叉的粒子群优化算法步骤如下。

（1）初始粒子的速度和位置，采用随机设置的方法。

（2）计算每个粒子的适应度值，将每一代粒子的位置和相应的适应度值存储在粒子的个体极值 p_{best} 中，将 p_{best} 进行排序，其中最优适应度值的个体位置和适应度值保存在全局极值 g_{best} 中。

（3）使用下列公式更新粒子的位置和速度：

$$x_{i,j}(t + 1) = x_{i,j}(t) + v_{i,j}(t + 1)，j = 1，2，\cdots，d \tag{4.13}$$

$$v_{i,j}(t + 1) = w \cdot v_{i,j}(t) + c_1 r_1 [p_{i,j} - x_{i,j}(t)] + c_2 r_2 [p_{g,j} - x_{i,j}(t)] \tag{4.14}$$

（4）相互比较每个粒子的适应度和粒子的位置，若值相近，则将当前值作为粒子最好的位置，然后更新 g_{best}。

（5）根据交叉概率将部分粒子进行交叉，交叉采用随机的两两交叉，产生相同数量的子代粒子。子代粒子的位置和速度更新如下：

$$\begin{cases} sx = i \cdot px(1) + (1 - i) \cdot px(2) \\ sv = \dfrac{pv(1) + pv(2)}{|pv(1) + pv(2)|} |pv| \end{cases} \tag{4.15}$$

p_{best} 和 g_{best} 保持不变。

（6）当满足条件时停止迭代并输出结果，否则返回第（3）步。

4.5.4　实验结果

将混合交叉的粒子群优化算法输出的结果代入非局部均值的权重计算公式中的 h 中。然后使用非局部均值的方法对含有高斯噪声的图像进行滤波。实验中，每幅图像均加有均值为 0，标准差为 10 的高斯噪声。对 lena 和 mandrill（图 4.7 和图 4.8）进行去噪，对应的 3 幅图分别为原图、高斯噪声模糊图像和通过混合粒子群优化算法去噪后的图像。

图 4.7 lena 原图、噪声图和去噪图

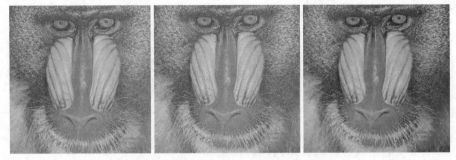

图 4.8 mandrill 原图、噪声图和去噪图

第 5 章

基于混合智能优化算法的图像匹配方法

5.1 概　述

图像匹配是数字图像处理领域中的一项重要的内容，在卫星遥感、光学和医学图像处理等许多领域中得到了广泛的应用。与此同时，图像匹配也是数字图像处理领域中的一个难题。图像匹配的方法一般分为基于特征的匹配方法和基于灰度的匹配方法两大类。前者对于图像畸变、噪声、遮挡等具有一定的鲁棒性，但是它的匹配性能在很大程度上取决于特征提取的质量，匹配精度不高；后者匹配精度比较高，但是计算量比较大，难以达到实时性要求。

本章采用基于灰度的匹配方法，单一的进化算法虽然在速度和精度上有了一定的提高，但是还没有达到实时的要求。多元混合算法是一类基于多种单一算法相互融合、共同完成优化过程的算法，其优点包括平衡性好、组合灵活、鲁棒性强、适合复杂的优化问题。研究者们对许多混合算法进行了研究，取得了较好的效果。然而进化算法方法众多，相关理论和实践并未完善，值得进行进一步的研究。本书根据常用的进化算法和群集智能算法的特点，提出了一种新的算法混合模式——串行混合、并行混合和串并行混合，并对常用的优化算法进行混合，将其应用在基于灰度的匹配方法中，选取了 4 个性能较好的混合算法和对应的单一算法进行对比实验。实验的结果表明，混合优化算法在图像匹配中能够快速地得到较优的结果，是一种有效的图像匹配算法。

5.2　图像匹配概述

■ 5.2.1　图像匹配研究现状

图像匹配是计算机视觉和图像处理中的一个很重要的研究内容，图像匹配在近年来一直是人们研究的热点和难点，它是在变换空间中寻找一种或多种变换，使来自不同时间、不同传感器或者不同视角的同一场景的两幅或多幅图像在空间上一致，目前已经应用于许多领域。

P. E. Anuta 在 20 世纪 70 年代初，首先提出使用快速傅立叶方法对图像进行互相关检测计算的图像匹配技术，提高了匹配过程的速度；D. I. Barnea 等提出了利用模板与待匹配图像中的子图做差值，然后进行相似性比较的图像匹配技术；考虑到几何畸变的影响，H. Maitre 等首先提出了将自回归模型应用到图像匹配中，提出了基于自回归模型的动态程序设计方法；Viola 和 Wells 提出了基于互信息（mutual information methods，MI）的图像匹配算法，作者把该方法应用到核磁共振图像配准和 3D 图像配准中。Flussr 提出了针对变形图像间的匹配问题的自适应映射方法，能够自动地对两幅遥感图像进行分割，并且使得分割后的两幅图像中相对应的子图相似度很大，然后再利用这些对应子图的空间位置关系来对原图进行匹配。

根据在实际的应用中发现的问题，研究人员在如何提高图像的匹配精度、图像的匹配效率、匹配的鲁棒性和匹配的抗干扰性等方面做了研究工作，主要集中以下几个方面的问题，分别为特征空间、搜索空间、相似性度量、搜索策略和决策策略。

（1）特征空间。从图像中提取可以作为匹配的信息，包括灰度值、边缘、轮廓、显著特征等。为了降低匹配的复杂程度和提高匹配的精度，需要对不同的图像合理地选择匹配特征。

（2）搜索空间。图像匹配问题同样也是参数的最优估计问题，待估计参数组成的空间就是搜索空间。

（3）相似性度量。相似性度量是用来衡量图像特征的相似性程度。对于区域相关算法，一般采用相关作为相似性度量，如互相关、相位相关等，而对于特征匹配算法，一般采用各种距离函数作为特征的相似性度量，如欧氏距离、街区距离、Hausdorff 距离等。

（4）搜索策略。影响图像匹配速度的主要因素是匹配算法的搜索策略，如果能找到一种有效的搜索策略实现非遍历性搜索，减少搜索位置的数目，则图像匹配效率将得到很大提高。因此，很多学者进行了这方面的研究并提出了很多优化算法以提高匹配效率，如 Gauss-Newton 算法、序贯相似度检测算法以及遗传算法等，其中遗传算法的应用比较成功。

（5）决策策略。在图像匹配问题中，往往需要进行多次匹配或多特征匹配，最后得到的多个匹配结果要采取一定的策略进行选择或组合为最优的匹配结果。

5.2.2　图像匹配算法

研究者开发的三大类几十种图像匹配算法，各有优缺点和各自适用的领域，不同的图像匹配算法对图像匹配的结果影响较大，匹配算法通常要求精度高、匹配正确率高、速度快、鲁棒性和良好的抗干扰性强。

图像匹配算法主要分为两大类，一类是基于灰度的匹配；另一类是基于特征的匹配。下面分别简要介绍。

（1）基于灰度的匹配方法也称作相关匹配算法，将图像作为像素矩阵，使用统计的方法比较矩阵之间的相关性，计算相应的相似性度量来判定两幅图像中的对应关系。这一类算法优点是抗干扰性较强、匹配位置准确、易于硬件实现，但缺点是计算量大、速度较慢、难以达到实时性要求。

常见的基于灰度的图像匹配算法有 Leese 在 1971 年提出的平均绝对差算法（MAD）、Barnea 于 1972 年提出的序贯相似性检测算法（SSDA）、山海涛等提出的归一化积相关算法（NCC）、绝对误差和算法（SAD）、误差平方和算法（SSD）、平均误差平方和算法（MSD）、hadamard 变换算法（SATD）。其中，序贯相似性检测算法速度有了较大的提高，但是其精度低，匹配效果不好，且易受噪声影响，归一化积相关算法较其他方法更具有优势。

（2）基于特征的匹配方法就是把图像特征作为匹配依据的匹配方法，通过提取图像中的多个特征如角点、直线、圆等特征后对匹配目标进行描述。基于特征的图像匹配算法运算量相对较小，匹配速度较快，但匹配精度不高。

基于图像特征的匹配方法主要有图像点匹配技术；边缘线匹配技术，边缘线可以通过区域分割、边缘检测等得到，采用边缘线段的优点是孤立边缘点的偏差对边缘线段的影响很小，还加入边缘连接性约束；闭合轮廓匹配技术；使用高级特征的匹配技术，利用图像特征间的几何约束，将特征属性值之间简单比较的结果作为相似性度量，从而进一步提高匹配算法的速度。

■5.2.3　图像匹配原理

图像匹配是指通过一定的匹配算法识别两幅或多幅图像中特征相似或匹配度较高的部分。$f(x, y)$ 表示匹配的目标图像，其大小为 $M \times N$；$g(x', y')$ 表示匹配模板，其大小为 $m \times n$，一般 $m \leqslant M$，$n \leqslant N$，则模板在目标图像的左上角定点 (x_1, y_1) 的可选区域范围为 $x_1 \in [0, M-m]$，$y_1 \in [0, N-n]$。模板匹配时将比较模板与目标图像上对应像素的灰度值。平方差匹配法将会统计模板与目标图像对应像素灰度值的差的平方，其匹配值如下：

$$R_{aq}(x, y) = \sum_0^m \sum_0^n \left[g(x', y') - f(x + x', y + y') \right]^2 \tag{5.1}$$

由式（5.1）可知，当匹配模板与目标图像的所选区域的匹配值越小时，表示所选区域与模板的匹配度越高；反之，则说明匹配度越低。

相关匹配法的基本操作与平方差匹配法类似，其匹配值的计算与平方差匹配法有一定的区别，其匹配值计算公式如下：

$$R_{co}(x, y) = \sum_0^m \sum_0^n \left[g(x', y') \cdot \overline{f(x + x', y + y')} \right]^2 \tag{5.2}$$

其匹配公式为计算匹配图像该像素的灰度值与目标图像中匹配区域对应像素灰度值之积的平方和。其中，$\overline{f(x + x', y + y')}$ 表示对目标图像中匹配区域处理之后的灰度值，该操作将增加或降低该区域内每个像素的灰度值，使操作后的该区域图像的平均灰度值与匹配图像相同。由柯西不等式易知，当图像的匹配度越高时 $R_{co}(x, y)$ 值将越大。

5.3　实验与分析

■5.3.1　实验环境及参数设置

图像匹配实验环境如下。

（1）操作系统：Windows 10。

（2）处理器与内存：Intel 4.0 GHz，8 GB 内存。

（3）算法编写：eclipse 平台，Java 1.8。

（4）图像处理模块：OpenCV 3.2.0。

实验中各种算法的参数设置如表5.1所示。

表 5.1　实验中各种算法的参数设置

算　法	参　数	值
粒子群优化算法（PSO）	学习因子 $c_1 = c_2$	2
	惯性指数 ω	1
杜鹃搜索算法（CS）	寄生巢被寄主发现的概率 P_a	0.3
	列维飞行步长 α	10
差分进化算法（DE）	缩放比例因子 F	0.5
	交叉概率 C_R	0.3
遗传算法（GA）	交叉概率 R_c	0.8
	变异概率 R_a	0.05

粒子群优化算法其惯性系数将随迭代次数增加由1线性递减至0，各方向上最大搜索速率为该维度解空间的1/10；遗传算法的编码为十进制，即个体的每一个基因由一个实数表示。

5.3.2　基于混合优化算法的图像模板匹配

由模板匹配的原理可知，在大小为 $M \times N$ 的目标图像上匹配大小为 $m \times n$ 模板，将要比较 $(M - m) \times (N - n)$ 次才能得出结果，而每次对比的像素数量为 $m \times n$，故要得出最终的结果，将要计算图像的像素 $(M - m) \times (N - n) \times m \times n$ 次。随着成像相关技术的发展，图像的尺寸越来越大，图像模板匹配的计算量太大，无法满足实时使用场合的需求。并且当匹配模板由一定的旋转角度和放缩之后，几乎无法通过遍历的手段求出模板在目标图像中的位置。此时使用智能优化算法能在一定程度上解决这些问题。

为了验证混合优化算法对图像模板匹配方法进行优化的有效性，本小节使用4种混合算法，串行粒子群杜鹃搜索算法、串行差分进化杜鹃搜索算法、并行差分进化遗传算法和并行粒子群差分进化算法，与对应的单一的优化算法对图像模板匹配方法优化，通过对比匹配结果的统计值即其最优值、最差值和标准差、运行时间来比较其寻优效果。实验使用3幅图像livingroom、lena_gray、cameraman变换后的图像来进行测试，匹配方法选择平方差匹配法。其图像和模板如图5.1~图5.3所示。

以图5.1为例，图5.1（a）所示为随机生成的模板，图5.1（b）则表示了该模板在原图中的位置。模板的选取过程为先将图像随机旋转一个角度 α，然后随机选取图像的左上角顶点的坐标 (x, y)，最后随机得出图像的宽 w 和高 h。由于图像旋转之后将改变图像外接矩形的大小，并且其旋转角度未知，故在操作时，长为 w、宽为 h 的原始图像将生成一张边长为 $\sqrt{w^2 + h^2}$ 的方形图像，没有图像的区域将其灰度值设为0，如图5.1（b）所示。由原图生成图5.1（a）的参数如下：旋转角 $\alpha = 46.674\,61°$，左上角顶点坐标 $(x, y) = $（198，260），图像的宽 $w = 314$，高 $h = 132$。

由原图生成图5.2（a）的参数如下：旋转角（逆时针）$\alpha = 35.612\,3°$，左上角顶点坐标 $(x, y) = $（181，277），图像的宽 $w = 386$，高 $h = 131$。

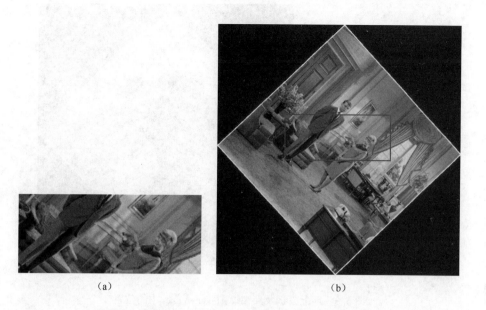

图 5.1　匹配模板及其在原图 livingroom 中的位置

图 5.2　匹配模板及其在原图 lena_gray 中的位置

由原图生成图 5.3（a）的参数如下：旋转角 $\alpha = 45°$，左上角顶点坐标 $(x, y) = (368,$ 169)，图像的宽 $w = 111$，高 $h = 282$。

为了充分比较上述算法的性能，避免算法的随机性对结果的影响，每种算法对每幅图像的实验将重复进行 30 次，然后将对这些结果进行比较、分析。

表 5.2 给出了这 8 种算法对图像匹配过程进行优化后得到的最终的结果统计。

（a）   （b）

图 5.3   匹配模板及其在原图 cameraman 中的位置

表 5.2   平方差匹配法匹配结果

图像	算法	最优值	最差值	均值	标准差
livingroom	PSO	475 849	2.56E+08	1.86E+08	7.48E+07
	CS	**358 864**	1.81E+08	9.90E+07	8.03E+07
	DE	1.62E+08	2.33E+08	1.86E+08	1.37E+07
	GA	6.06E+07	2.55E+08	2.00E+08	4.86E+07
	S _ PSO _ CS	**358 864**	2.14E+08	1.65E+08	5.57E+07
	S _ DE _ CS	**358 864**	2.22E+08	1.79E+08	3.56E+07
	P _ DE _ GA	**358 864**	2.33E+08	1.77E+08	4.26E+07
	P _ PSO _ DE	**358 864**	2.34E+08	1.79E+08	4.94E+07
lena _ gray	PSO	2.76E+08	4.71E+08	3.33E+08	6.12E+07
	CS	**3.14E+07**	3.39E+08	2.65E+07	9.24E+07
	DE	8.91E+08	3.42E+08	3.09E+08	4.70E+07
	GA	2.84E+08	3.93E+08	3.48E+08	2.51E+07
	S _ PSO _ CS	9.27E+07	3.41E+08	2.97E+08	2.56E+07
	S _ DE _ CS	2.10E+08	3.41E+08	3.09E+08	2.55E+07
	P _ DE _ GA	**2 409 471**	3.41E+08	2.83E+08	3.31E+07
	P _ PSO _ DE	3 030 624	3.41E+08	2.86E+08	4.13E+07
cameraman	PSO	4.29E+08	6.38E+08	5.11E+08	5.62E+07
	CS	3.14E+08	4.80E+08	3.80E+08	3.52E+07
	DE	3.88E+08	4.83E+08	4.28E+08	3.30E+07
	GA	4.47E+08	5.92E+08	5.12E+08	3.65E+07
	S _ PSO _ CS	3.87E+08	4.76E+08	4.25E+08	2.78E+07
	S _ DE _ CS	2.73E+08	4.53E+08	3.80E+08	3.79E+07
	P _ DE _ GA	3.19E+08	4.63E+08	3.91E+08	3.35E+07
	P _ PSO _ DE	**8 373 293**	4.59E+08	3.80E+08	5.49E+07

由表 5.2 可见：

（1）在图像 livingroom 中杜鹃搜索算法以及 4 种混合算法得出了最佳的最优值，而杜鹃搜索算法得到了最佳的最差值和均值。混合算法中，并行差分进化遗传算法和并行粒子群差分进化算法相比单一的粒子群优化算法、差分进化算法和遗传算法，其结果稳定性有了很大的提升。最优值上，这些单一算法并没有得出最优值，但它们的混合算法却得出了最优值。

（2）在图像 lena_gray 中，单一算法的杜鹃搜索算法得出相对较佳的最优值和最差值，混合算法中的并行差分进化遗传算法和并行粒子群差分进化算法得到了相对较佳的最优值。混合算法中，4 种混合算法相较于单一的算法，在最优值、最差值上都得到了较佳的效果，稳定性也有了很大的提升。

（3）在图像 cameraman 中，混合算法中的并行粒子群差分进化算法得到了最佳的最优值，并且其他的混合算法相较于未混合的单一算法也得到了较佳的结果。其他各项数据上的稳定性也得到了较大的提升。

从表 5.2 中还可以看出，单一算法中，杜鹃搜索算法得到了最优值，且其平均值优于其他 3 种算法，而 4 种混合算法均得出了最佳的最优值。

表 5.3~表 5.5 分别给出了这 8 种算法所计算出的最佳结果的匹配参数。其中，x、y、w、h 的单位为像素，α 的单位为度（°）。

表 5.3　livingroom 最佳结果的匹配参数

匹配参数	x	y	w	h	α
算法/解	198	260	314	132	46.674 61
PSO	198	260	314	132	46.706 74
CS	198	260	314	132	46.674 61
DE	374	559	95	82	307.816 31
GA	204	260	303	131	46.850 34
S_PSO_CS	198	260	314	132	46.674 61
S_DE_CS	198	260	314	132	46.674 61
P_DE_GA	198	260	314	132	46.674 61
P_PSO_DE	198	260	314	132	46.674 61

表 5.4　lena_gray 最佳结果的匹配参数

匹配参数	x	y	w	h	α
算法/解	181	277	386	131	35.612 3
PSO	185	281	386	135	35.762 7
CS	184	286	387	130	35.354 8
DE	184	290	387	111	36.373 5
GA	185	281	386	135	35.762 7
S_PSO_CS	181	278	386	131	35.612 3
S_DE_CS	181	279	386	132	35.612 3
P_DE_GA	184	278	386	129	35.824 2
P_PSO_DE	184	278	386	132	36.703 6

表 5.5　**cameraman** 最佳结果的匹配参数

匹配参数	x	y	w	h	α
算法/解	368	169	111	282	45
PSO	169	321	73	168	128.360 5
CS	379	179	108	277	52.241 6
DE	106	263	64	64	178.765 1
GA	350	159	147	318	49.040 3
S_PSO_CS	368	169	111	282	45.568 1
S_DE_CS	367	168	126	292	43.506 9
P_DE_GA	370	163	108	292	42.764 3
P_PSO_DE	368	169	111	285	44.797 0

　　由于将图像的尺寸与旋转角度作为图像匹配的参数，导致图像匹配中某一个参数偏差较大都会对结果产生较大的影响，因此会有大量的局部最优值，其最优值与局部最优值的差距非常大，搜索过程相对复杂，混合算法的性能更为均衡，能够高效地对复杂的问题进行优化。

第6章

基于混合智能优化算法的图像单阈值分割方法

图像分割是图像分析与处理中的关键步骤，是指将图像分成具有不同特性（包括灰度、颜色、纹理等）的区域并提取出感兴趣目标的过程。常见的图像分割方法有阈值分割、边缘检测和区域提取法等。本章着重研究基于阈值法的图像分割技术。现有的自动阈值分割算法大都是基于某种测度函数提出的，如最大类间方差法（Otsu）、最大熵分割法等，在测度函数取极值时所对应的灰度值就是所求的阈值。针对目标区域较少的图像，通常进行单阈值分割就能够满足需求，然而对于目标区域较多的图像，往往需要对其进行多阈值分割，阈值的个数越多，所需计算时间也越长，本书将对图像单阈值分割和多阈值分割分别进行探讨。在阈值分割中，测度函数极值问题的求取在本质上可以看作某类图像函数的最优值求解问题，可以使用进化算法进行优化求解。本章主要探讨混合智能优化算法在图像单阈值优化中的应用。

6.1　图像阈值分割概述

图像阈值分割法是一种最常见的分割技术。阈值分割的基本思想是根据某种分割准则确定一个阈值，然后将待分割图像中每个像素点的灰度值与阈值相比较，灰度值在同一区间内的像素归为同一类。一般来说，阈值分割可以总结为以下3步。

（1）根据某种准则确定阈值。

（2）将待分割图像中每个像素点与阈值比较。

（3）把相同区间的像素点归为同一类。

使用单个阈值对图像进行分割称为单阈值分割，使用多个阈值对图像进行分割称为多阈值分割，本章重点介绍单阈值分割。假设 $f(x, y)$ 表示原始灰度数字图像在 (x, y) 处像素点的灰度值，则对图像进行单阈值分割后的图像可表示如下：

$$g(x, y) = \begin{cases} b_0, & f(x, y) \leqslant T \\ b_1, & f(x, y) > T \end{cases} \tag{6.1}$$

其中，b_0 和 b_1 分别表示分割后图像背景与目标区域的灰度值，若取 $b_0 = 0$，$b_1 = 1$，即通常所说的图像二值化。T 为分割阈值，$g(x, y)$ 表示分割后的图像在 (x, y) 处像素点的灰度值。

图像的阈值分割根据获取阈值的方式大致可分为3类。

（1）全局阈值。根据整个图像的像素性质，得到阈值，然后根据阈值对图像的所有像素进行分类。

（2）局部阈值。根据图像的像素性质，结合该像素的邻域像素的性质来确定分割阈值。

（3）动态阈值。根据图像的像素性质、邻域像素的性质以及该像素的坐标来确定该像素的分割阈值。

6.2 常见的阈值分割方法

■ 6.2.1 实验观察法

对于已知某些特征的图像，可以通过人为选取不同的阈值，肉眼去判断分割的效果是否满足已知的特征。例如，我们对图像 lena 使用实验观察法进行分割，实验的阈值为 $T=25$，50，75，100，150，200，其分割结果如图6.1所示，通过肉眼观察，可以看出 $T=50$ 和 75 时人的面部细节相对比较清晰，其余阈值的分割效果不佳。该方法只适用于某些已知特征的特定图像，而且阈值的选取受主观影响很大。

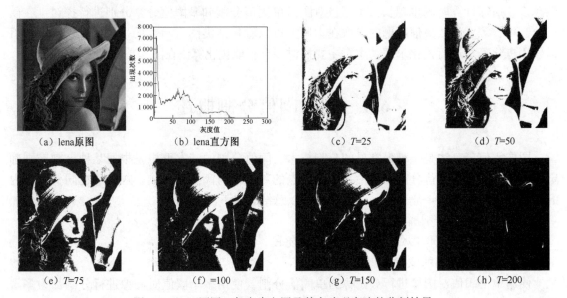

（a）lena原图   （b）lena直方图   （c）T=25   （d）T=50

（e）T=75   （f）=100   （g）T=150   （h）T=200

图6.1 lena 原图、灰度直方图及其实验观察法的分割结果

■ 6.2.2 直方图谷底分割法

直方图谷底分割法是利用图像的灰度直方图信息来对图像进行分割。如果图像的背景区域和目标区域灰度值分布较为均匀，那么图像的灰度直方图将会呈现出"双峰一谷"的状态，如图6.2（a）所示。

此时只需将谷底的灰度值作为分割阈值 T，就能取得比较好的分割效果，如图6.2（b）所示。这种阈值分割方法简单且容易操作。然而在实际生活中，很多图像的灰度直方图并没有明显的"谷底"，也就无法利用"谷底"的阈值来进行分割，如图6.3所示。除此之外，由

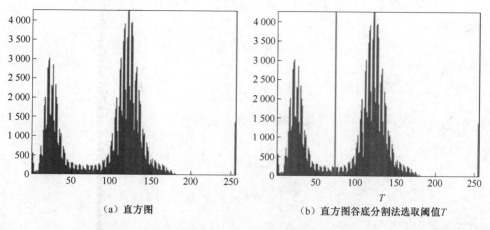

（a）直方图　　　　　　　　　（b）直方图谷底分割法选取阈值 T

图 6.2　"双峰—谷"型直方图及其谷底阈值选取

于灰度直方图仅为各灰度的像素点个数统计，有时其"峰"和"谷"就不一定代表我们所需的目标区域和背景区域，由此分割出的区域也就无法满足分割需求。不仅如此，当图像的信噪比较低时，使用此方法也容易导致阈值选取的误差。因此，如果仅仅靠图像直方图的谷底来确定阈值，得到的分割结果可能是不准确的。

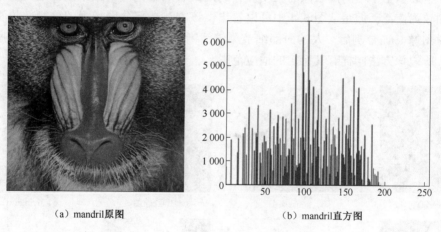

（a）mandril 原图　　　　　　（b）mandril 直方图

图 6.3　mandril 原图及其直方图

6.2.3　最大熵分割法

熵是用来衡量一个分布的均匀程度，熵越大，说明分布越均匀。最大熵分割法的基本原理是找到分割阈值 T，使得目标区域、背景区域两部分灰度统计的信息量达到最大。利用图像熵为准则进行图像分割是一种适用范围较广的阈值分割方法。

根据熵的概念，对于灰度级为 K 的图像，其熵定义为

$$H = -\sum_{i=0}^{K-1} p_i \ln p_i \tag{6.2}$$

其中，p_i 为第 i 个灰度值出现的概率。设阈值为 T，图像中灰度值高于 T 的像素点构成了

目标区域，低于 T 的像素点构成了背景区域，这两类区域的概率分布分别为

目标区域：

$$p_i/P_T, \ i = 0, \ 1, \ 2, \ \cdots, \ t \tag{6.3}$$

背景区域：

$$p_i/(1 - P_T), \ i = T + 1, \ T + 2, \ \cdots, \ K - 1 \tag{6.4}$$

其中，$p_t = \sum_{i=0}^{T} p_i$，则目标区域和背景区域的熵分别表示为

$$H_{\text{object}}(T) = - \sum_{i=0}^{T} (p_i/P_T) \lg(p_i/P_T) \tag{6.5}$$

$$H_{\text{background}}(T) = - \sum_{T+1}^{K-1} [p_i/(1 - P_T)] \lg[p_i/(1 - P_T)] \tag{6.6}$$

图像的熵函数定义为

$$H(T) = H_{\text{object}}(T) + H_{\text{background}}(T) \tag{6.7}$$

当熵函数取得最大值时对应的灰度值，就是所求的最佳阈值，即

$$T^* = \text{Argmax} H(T), \ 0 \leqslant T \leqslant K - 1 \tag{6.8}$$

图 6.4 中展示了 4 幅测试图像的原图及其利用最大熵分割法的效果图，最大熵分割法虽然目前应用较为广泛，但是从图 6.4 中可以看出，该方法在部分图像上的分割效果不尽如人意，如在对图像 lena 分割后，人的面部细节不够清晰；在对图像 house 分割后，房屋的部分轮廓消失，所以该方法同样有其特定的适应范围。

（a）lena 原图　　　　　（b）house 原图　　　　　（c）lake 原图　　　　（d）livingroom 原图

（e）lena 最大熵分割法分割图　（f）house 最大熵分割法分割图　（g）lake 最大熵分割法分割图（h）livingroom 最大熵分割法分割图

T=119　　　　　　　　　　T=75　　　　　　　　　　T=124　　　　　　　　T=94

图 6.4　原图及最大熵分割法分割结果

接下来本章将介绍最大类间方差法（Otsu），已有大量实验表明，该方法是最佳的图像阈值分割准则之一，本章将重点探讨基于混合智能优化算法的 Otsu 单阈值分割方法。

6.3　基于混合进化算法的 Otsu 分割方法

Otsu 分割方法，也称最大类间方差法。该分割算法使用的是聚类的思想，将图像根据分割阈值分为多个部分，使得每个部分之间的灰度值差异最大而每个部分内的差异最小，并通过每个部分灰度均值与图像的平均灰度来计算其方差确定最佳的分割阈值。其分割方法简单，受图像亮度和对比度影响较小，错分概率小，通常被认为是最佳的图像分割阈值选取算法之一。

使用 Otsu 对图像进行单阈值分割时，分割阈值 T 将图像分为目标与背景两部分，若将背景部分设置为白色，目标部分设置为黑色，其结果相当于将图像二值化。在 Otsu 分割方法中，分割阈值 T 将图像分割为目标和背景两部分，其中 ω_0 为目标区域部分像素点在图像中所占的比例；ω_1 表示背景区域部分像素点在图像中所占的比例。μ_0 表示目标区域的平均灰度值，而 μ_1 表示背景区域的平均灰度值。那么图像整体的平均灰度 μ 计算如下：

$$\mu = \omega_0 \mu_0 + \omega_1 \mu_1 \tag{6.9}$$

当分割阈值 $T=t$ 时，分割后图像的方差计算如下：

$$g = \omega_0(\mu_0 - \mu)^2 + \omega_1(\mu_1 - \mu)^2 \tag{6.10}$$

其中，$t \in \{0, 1, \cdots, 255\}$，每一个不同的 t 均可以求出图像的方差 g。当选定的 t 使 Otsu 方差 g 最大时，该阈值即为所求的分割阈值。

使用单阈值对 8 位灰度图进行图像分割时，其分割阈值有 254 种选择，使用智能优化算法来选择阈值能够在相对较短的时间内得到较好的效果。

本章使用性能较优的 4 种混合算法，串行粒子群杜鹃搜索算法、串行差分进化杜鹃搜索算法、并行差分进化遗传算法和并行粒子群差分进化算法，与对应的单一的优化算法以 Otsu 为分割准则对图像进行单阈值分割实验，通过对比结果的 Otsu 统计值（最优值、最差值和标准差、运行时间）来比较其寻优效果。实验使用 lena、house、lake、livingroom 这 4 幅标准测试图像来进行测试。这 4 幅图像的直方图如图 6.5 所示。

为了充分比较上述算法的性能，避免算法的随机性对结果的影响，每种算法对每幅图像的实验将重复进行 50 次，然后对这些结果进行比较、分析。图像分割实验环境为 Windows 10 操作系统，处理器为 Intel 4.0 GHz，8 GB 内存，算法使用 Java 1.8 在 eclipse 平台编写，图像处理模块使用 OpenCV 3.2.0。实验中的算法的参数设置如下：所有算法的种群规模为 20，最大迭代次数为 100。单一算法的参数与第 2 章中的设置相同：粒子群优化算法（PSO），学习因子 $c_1 = c_2 = 2$，惯性系数 $\omega = 1$ 且其惯性系数将随迭代次数增加由 1 线性递减至 0，各方向上最大搜索速率为该维度解空间的 1/10。杜鹃搜索算法（CS），寄生巢被寄主发现的概率为 $P_a = 0.3$，取列维飞行步长 $\alpha = 10$。差分进化算法（DE），缩放比例因子 $F = 0.5$，交叉概率 $C_R = 0.3$。遗传算法（GA），编码为十进制，即个体的每一个基因由一个实数表示，选取的交叉概率 $R_c = 0.8$，变异概率 $R_a = 0.05$。

如图 6.6~图 6.9 所示，图像从上到下依次为粒子群优化算法（PSO）、杜鹃搜索算法（CS）、差分进化算法（DE）、遗传算法（GA）、串行粒子群杜鹃搜索算法（S_PSO_CS）、

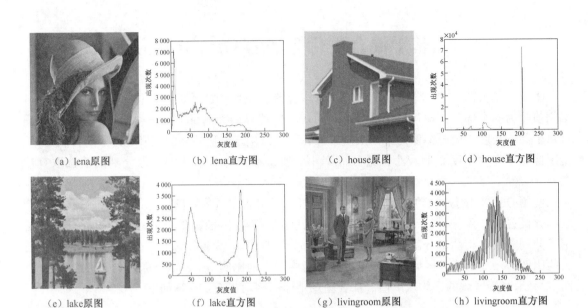

(a) lena原图　　　(b) lena直方图　　　(c) house原图　　　(d) house直方图

(e) lake原图　　　(f) lake直方图　　　(g) livingroom原图　　　(h) livingroom直方图

图 6.5　原图与灰度直方图

串行差分进化杜鹃搜索算法（S_DE_CS）、并行差分进化遗传算法（P_DE_GA）、并行粒子群差分进化算法（P_PSO_DE）对 4 幅测试图像的分割结果。

(a) PSO　　　(b) CS　　　(c) DE　　　(d) GA

(e) S_PSO_CS　　　(f) S_DE_CS　　　(g) P_DE_GA　　　(h) P_PSO_DE

图 6.6　lena 单阈值 Otsu 分割图

在单阈值分割中，由于待优化的变量维度仅为一维，所以计算量较小，过程较为简单。从分割结果图可以看出，利用这 8 种算法分割的图像几乎没有区别。表 6.1 给出了这 8 种算法在单阈值条件下所计算出的类间方差值的相关统计学结果。

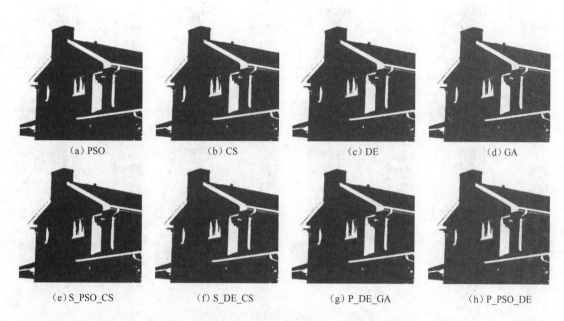

图 6.7　house 单阈值 Otsu 分割图

图 6.8　lake 单阈值 Otsu 分割图

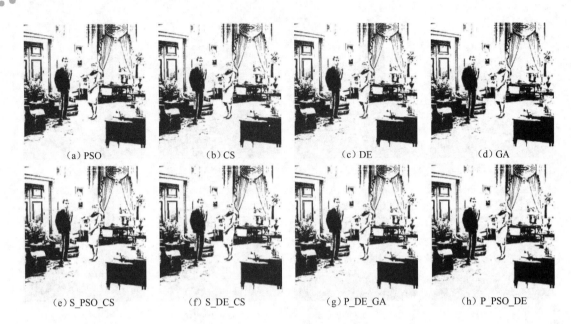

图 6.9　livingroom 单阈值 Otsu 分割图

表 6.1　各算法单阈值 Otsu 计算结果

图像	算法	最优值	最差值	均值	标准差
lena	PSO	1 726. 493 652	1 726. 493 652	1 726. 493 652	0
	CS	1 726. 493 652	1 726. 493 652	1 726. 493 652	0
	DE	1 726. 493 652	1 726. 493 652	1 726. 493 652	0
	GA	1 726. 493 652	1 723. 769 897	1 726. 262 949	0. 553 548 552
	S_PSO_CS	1 726. 493 652	1 726. 493 652	1 726. 493 652	0
	S_DE_CS	1 726. 493 652	1 726. 493 652	1 726. 493 652	0
	P_DE_GA	1 726. 493 652	1 726. 493 652	1 726. 493 652	0
	P_PSO_DE	1 726. 493 652	1 726. 493 652	1 726. 493 652	0
house	PSO	2 860. 519 775	2 860. 519 775	2 860. 519 775	0
	CS	2 860. 519 775	2 860. 519 775	2 860. 519 775	0
	DE	2 860. 519 775	2 860. 519 775	2 860. 519 775	0
	GA	2 860. 519 775	2 859. 929 932	2 860. 463 154	0. 103 574 523
	S_PSO_CS	2 860. 519 775	2 860. 519 775	2 860. 519 775	0
	S_DE_CS	2 860. 519 775	2 860. 519 775	2 860. 519 775	0
	P_DE_GA	2 860. 519 775	2 860. 519 775	2 860. 519 775	0
	P_PSO_DE	2 860. 519 775	2 860. 519 775	2 860. 519 775	0
lake	PSO	3 686. 003 418	3 686. 003 418	3 686. 003 418	0
	CS	3 686. 003 418	3 686. 003 418	3 686. 003 418	0
	DE	3 686. 003 418	3 686. 003 418	3 686. 003 418	0
	GA	3 686. 003 418	3 684. 372 559	3 685. 860 43	0. 261 766 36
	S_PSO_CS	3 686. 003 418	3 686. 003 418	3 686. 003 418	0
	S_DE_CS	3 686. 003 418	3 686. 003 418	3 686. 003 418	0
	P_DE_GA	3 686. 003 418	3 686. 003 418	3 686. 003 418	0
	P_PSO_DE	3 686. 003 418	3 686. 003 418	3 686. 003 418	0

图像	算法	最优值	最差值	均值	标准差
livingroom	PSO	**1 250. 713 989**	**1 250. 713 989**	**1 250. 713 989**	**0**
	CS	**1 250. 713 989**	**1 250. 713 989**	**1 250. 713 989**	**0**
	DE	**1 250. 713 989**	**1 250. 713 989**	**1 250. 713 989**	**0**
	GA	**1 250. 713 989**	1 249. 450 317	1 250. 559 468	0. 335 683 084
	S _ PSO _ CS	**1 250. 713 989**	**1 250. 713 989**	**1 250. 713 989**	**0**
	S _ DE _ CS	**1 250. 713 989**	**1 250. 713 989**	**1 250. 713 989**	**0**
	P _ DE _ GA	**1 250. 713 989**	**1 250. 713 989**	**1 250. 713 989**	**0**
	P _ PSO _ DE	**1 250. 713 989**	**1 250. 713 989**	**1 250. 713 989**	**0**

从表 6.1 可以看出，这 8 种算法在计算单阈值 Otsu 时均得出了相同的最优值，只有遗传算法没有每次得出稳定的解，其最差值和均值都与最优值有一定差距，其余 7 种算法每次都得到了最优值，且值相当稳定，其标准差均为 0。单阈值 Otsu 的计算量相对较小，基本无法明显展现出各种算法寻优能力之间的差异。

为了进一步比较上述 8 种算法的效率，表 6.2 展示了 8 种算法在不同图像上进行单阈值 Otsu 分割的运行时间。

表 6.2　各算法单阈值运行时间

算法	不同图像上运行时间/ms				均值
	lena	house	lake	livingroom	
PSO	9	8	8	8	8. 25
CS	13	11	11	11	11. 5
DE	9	8	8	8	8. 25
GA	9	8	9	8	8. 5
S _ PSO _ CS	10	8	8	9	8. 75
S _ DE _ CS	10	10	10	10	10
P _ DE _ GA	9	8	8	8	8. 25
P _ PSO _ DE	8	8	8	8	8

从表 6.2 可以看出，这 8 种算法的运行时间相差不大，其中运行时间最短的为 P_DE_GA 算法（8 ms），运行时间最长的为 CS 算法（11.5 ms）。结合表 6.1 中展示的数据，可以分析出使用 P _ DE _ GA 算法进行单阈值 Otsu 分割不但速度最快而且分割效果最好。

第 7 章

基于混合智能优化算法的图像多阈值分割方法

图像分割是机器视觉和图像分析关键步骤。阈值分割方法是最常用的分割方法之一，基本阈值法具有简单快速的特点，然而将单阈值法推广到多维阈值时，每增加一维阈值需就增加近 256 倍的计算工作量，计算消耗极大。最优阈值向量的求解本质是一个离散的组合优化问题，因而很多基于智能优化算法的阈值方法被成功地应用于该问题的求解。然而单一的智能优化算法经常容易陷入局部最优解，针对此缺陷，本章重点研究基于混合智能优化算法的多阈值分割方法。

Otsu 分割方法，也称最大类间方差法。该分割算法使用的是聚类的思想，将图像根据分割阈值分为多个部分，使得每个部分之间的灰度值差异最大而每个部分内的差异最小，并通过每个部分灰度均值与图像的平均灰度来计算其方差确定最佳的分割阈值。其分割方法简单，受图像亮度和对比度影响较小，错分概率小，通常被认为是最佳的图像分割阈值选取算法。

使用 Otsu 对图像进行单阈值分割时，分割阈值 T 将图像分为目标与背景两部分，若将目标部分设置为白色，背景部分设置为黑色，其结果相当于将图像二值化。假设图像有 L 个灰度级别，一般地，8 位灰度图像中 $L=256$，其灰度值为 $l \in \{0, 1, \cdots, 255\}$。分割阈值 T 将图像分割为目标和背景两部分，其中 ω_0 为目标区域部分像素点在图像中所占的比例，ω_1 表示背景区域部分像素点在图像中所占的比例；μ_0 表示目标区域的平均灰度值，μ_1 表示背景部分的平均灰度值。那么图像整体的平均灰度 μ 可计算如下：

$$\mu = \omega_0 \mu_0 + \omega_1 \mu_1 \tag{7.2}$$

当分割阈值 $T=t$ 时，分割后图像的方差计算如下：

$$g = \omega_0 (\mu_0 - \mu)^2 + \omega_1 (\mu_1 - \mu)^2 \tag{7.3}$$

其中，$t \in \{0, 1, \cdots, 255\}$，每一个不同的 t 均可以求出图像的方差 g。当选定的 t 使 Otsu 方差 g 最大时，该阈值即为所求的分割阈值。

使用 Otsu 对图像进行多阈值分割时，n 个阈值 $T = \{t_1, t_2, \cdots, t_n\}$ 将图像按其灰度分为 $n+1$ 个类别 $\{p_0, p_1, \cdots, p_n\}$。其中，第 i 个类别中像素点占图像的比例为 ω_i，该类别的平均灰度为 μ_i，$i \in \{0, 1, \cdots, n\}$。图像整体的平均灰度 μ 为

$$\mu = \sum_{i=0}^{n} \omega_i \mu_i \tag{7.4}$$

分割后的类间方差计算如下：

$$g = \sum_{i=0}^{n} \omega_i (\mu_i - \mu)^2 \tag{7.5}$$

使得方差 g 值最大的一组阈值，即为所求的分割阈值。得到 n 个分割阈值后，第 i 个类别的像素点的灰度值如下：

$$f(i) = \left\lceil \frac{i}{n} \times (255 - 0) \right\rceil \tag{7.6}$$

使用单阈值对 8 位灰度图进行图像分割时，其分割阈值有 254 种选择，当使用二维阈值对该图像进行分割时，其阈值组合有 254×253 种；当使用 n 维阈值对该图像进行分割时，其阈值组合有 $\dfrac{254!}{(254 - n)!}$ 种。当 $n<4$ 时，遍历阈值组合来求得最合适的分割阈值所花费的时间尚可以接受，但当 $n \geqslant 4$ 时，遍历所有阈值组合来计算 Otsu 时所需的时间将会令人难以接受。此时使用智能优化算法来选择阈值组合能够在相对较短的时间内得到较好的效果。

为了验证混合进化算法对多维 Otsu 分割方法进行优化的有效性，本章使用第 2 章中得出的较优的 4 种混合算法，串行粒子群杜鹃搜索算法、串行差分进化杜鹃搜索算法、并行差分进化遗传算法和并行粒子群差分进化算法，与对应的单一的优化算法对多维 Otsu 进行优化，通过对比结果的 Otsu 统计值即其最优值、最差值和标准差、运行时间来比较其寻优效果。实验使用 lena、house、lake、livingroom 这 4 幅标准测试图像来进行测试。这 4 幅图像的直方图如图 7.1 所示。

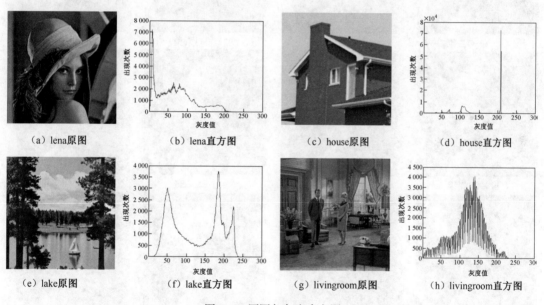

（a）lena原图　　　（b）lena直方图　　　（c）house原图　　　（d）house直方图

（e）lake原图　　　（f）lake直方图　　　（g）livingroom原图　　　（h）livingroom直方图

图 7.1　原图与灰度直方图

为了充分比较上述算法的性能，避免算法的随机性对结果的影响，每种算法对每幅图像的实验将重复进行 50 次，然后对这些结果进行比较、分析。图像分割实验环境为 Windows 10 操作系统，处理器为 Intel 4.0 GHz，8 GB 内存，算法使用 Java1.8 在 eclipse 平台编写，图像处理模块使用 OpenCV 3.2.0。实验中的算法的参数设置如下：所有算法的种群规模为 20，最大迭代次数为 100。单一算法的参数与第 2 章中的设置相同：粒子群优化算法（PSO），学习因子 $c_1 = c_2 = 2$，惯性系数 $\omega = 1$ 且其惯性系数将随迭代次数增加由 1 线性递减至 0，各方向上最大搜索速率为该维度解空间的 1/10。杜鹃搜索算法（CS），寄生巢被寄主发现的概率为 $P_a =$ 0.3，取列维飞行步长 $\alpha = 10$。差分进化算法（DE），缩放比例因子 $F = 0.5$，交叉概率 $C_R =$ 0.3。遗传算法（GA），编码为十进制，即个体的每一个基因由一个实数表示，选取的交叉概率 $R_c = 0.8$，变异概率 $R_a = 0.05$。

为了更加明显地比较出算法之间的差距，在分割图像时，分割阈值选取为二维、四维、六维和八维。

如图 7.2~图 7.5 所示，图像从上到下依次为粒子群优化算法（PSO）、杜鹃搜索算法（CS）、差分进化算法（DE）、遗传算法（GA）、串行粒子群杜鹃搜索算法（S_PSO_CS）、串行差分进化杜鹃搜索算法（S_DE_CS）、并行差分进化遗传算法（P_DE_GA）、并行粒子群差分进化算法（P_PSO_DE）对图像 lena 的分割，从左到右依次为二维阈值、四维阈值、六维阈值和八维阈值。

| (a1) PSO 二维 | (a2) PSO 四维 | (a3) PSO 六维 | (a4) PSO 八维 |

| (b1) CS 二维 | (b2) CS 四维 | (b3) CS 六维 | (b4) CS 八维 |

| (c1) DE 二维 | (c2) DE 四维 | (c3) DE 六维 | (c4) DE 八维 |

| (d1) GA 二维 | (d2) GA 四维 | (d3) GA 六维 | (d4) GA 八维 |

图 7.2　lena 多阈值 Otsu 分割图

（a1）PSO二维　　　　（a2）PSO四维　　　　（a3）PSO六维　　　　（a4）PSO八维

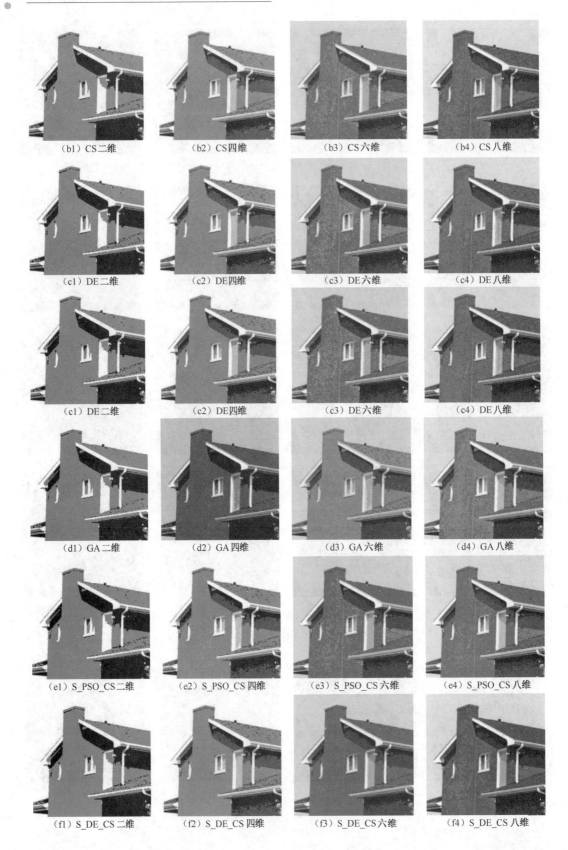

（b1）CS 二维　　　　　（b2）CS 四维　　　　　（b3）CS 六维　　　　　（b4）CS 八维

（c1）DE 二维　　　　　（c2）DE 四维　　　　　（c3）DE 六维　　　　　（c4）DE 八维

（c1）DE 二维　　　　　（c2）DE 四维　　　　　（c3）DE 六维　　　　　（c4）DE 八维

（d1）GA 二维　　　　　（d2）GA 四维　　　　　（d3）GA 六维　　　　　（d4）GA 八维

（e1）S_PSO_CS 二维　　（e2）S_PSO_CS 四维　　（e3）S_PSO_CS 六维　　（e4）S_PSO_CS 八维

（f1）S_DE_CS 二维　　　（f2）S_DE_CS 四维　　　（f3）S_DE_CS 六维　　　（f4）S_DE_CS 八维

（h1）P_PSO_DE 二维　　（h2）P_PSO_DE 四维　　（h3）P_PSO_DE 六维　　（h4）P_PSO_DE 八维

图 7.3　house 多阈值 Otsu 分割图

（a1）PSO 二维　　（a2）PSO 四维　　（a3）PSO 六维　　（a4）PSO 八维

（b1）CS 二维　　（b2）CS 四维　　（b3）CS 六维　　（b4）CS 八维

（c1）DE 二维　　（c2）DE 四维　　（c3）DE 六维　　（c4）DE 八维

（d1）GA 二维　　（d2）GA 四维　　（d3）GA 六维　　（d4）GA 八维

（e1）S_PSO_CS二维　　　（e2）S_PSO_CS四维　　　（e3）S_PSO_CS六维　　　（e4）S_PSO_CS八维

（f1）S_DE_CS二维　　　（f2）S_DE_CS四维　　　（f3）S_DE_CS六维　　　（f4）S_DE_CS八维

（g1）P_DE_GA二维　　　（g2）P_DE_GA四维　　　（g3）P_DE_GA六维　　　（g4）P_DE_GA八维

（h1）P_PSO_DE二维　　　（h2）P_PSO_DE四维　　　（h3）P_PSO_DE六维　　　（h4）P_PSO_DE八维

图 7.4　lake 多阈值 Otsu 分割图

（a1）PSO二维　　　（a2）PSO四维　　　（a3）PSO六维　　　（a4）PSO八维

(b1) CS 二维　　（b2) CS 四维　　（b3) CS 六维　　（b4) CS 八维

（c1) DE 二维　　（c2) DE 四维　　（c3) DE 六维　　（c4) DE 八维

（d1) GA 二维　　（d2) GA 四维　　（d3) GA 六维　　（d4) GA 八维

（e1) S_PSO_CS 二维　　（e2) S_PSO_CS 四维　　（e3) S_PSO_CS 六维　　（e4) S_PSO_CS 八维

（f1) S_DE_CS 二维　　（f2) S_DE_CS 四维　　（f3) S_DE_CS 六维　　（f4) S_DE_CS 八维

图 7.5　livingroom 多阈值 Otus 分割图

从图 7.2 可以看出，当分割阈值为二维时，分割算法的计算量较小，过程较为简单，这 8 种算法的分割图像几乎没有区别。当分割阈值为四维时，其计算量也不大，这 8 种四维阈值分割图像中，仅有图 7.2（c2）和图 7.2（d2）可以看出与其他 6 幅分割图像有细微的差别。当分割阈值为六维和八维时，这 8 种算法所计算出的阈值的分割图像则有着明显的差异。

表 7.1～表 7.4 给出了这 8 种算法在不同维度阈值条件下所计算出的 Otsu 值。

表 7.1　各算法二维阈值 Otsu 计算结果

图像	算法	最优值	最差值	均值	标准差
lena	PSO	**2 264. 322**	**2 264. 322**	**2 264. 322**	**0**
	CS	**2 264. 322**	**2 264. 322**	**2 264. 322**	**0**
	DE	**2 264. 322**	**2 264. 322**	**2 264. 322**	**0**
	GA	**2 264. 322**	2 188. 705	2 259. 054	11. 686 16
	S _ PSO _ CS	**2 264. 322**	2 264. 18	2 264. 319	0. 019 893
	S _ DE _ CS	**2 264. 322**	**2 264. 322**	**2 264. 322**	**0**
	P _ DE _ GA	**2 264. 322**	2 264. 286	**2 264. 322**	0. 005 127
	P _ PSO _ DE	**2 264. 322**	**2 264. 322**	**2 264. 322**	**0**
house	PSO	**3 162. 491**	**3 162. 491**	**3 162. 491**	**0**
	CS	**3 162. 491**	**3 162. 491**	**3 162. 491**	**0**
	DE	**3 162. 491**	**3 162. 491**	**3 162. 491**	**0**
	GA	**3 162. 491**	3 150. 243	3 160	2. 894 991
	S _ PSO _ CS	**3 162. 491**	**3 162. 491**	**3 162. 491**	**0**
	S _ DE _ CS	**3 162. 491**	**3 162. 491**	**3 162. 491**	**0**
	P _ DE _ GA	**3 162. 491**	3 162. 165	3 162. 479	0. 058 736
	P _ PSO _ DE	**3 162. 491**	**3 162. 491**	**3 162. 491**	**0**

图像	算法	最优值	最差值	均值	标准差
lake	PSO	**3 974. 739**	**3 974. 739**	**3 974. 739**	**0**
	CS	**3 974. 739**	3 974. 618	3 974. 736	0. 016 919
	DE	**3 974. 739**	**3 974. 739**	**3 974. 739**	**0**
	GA	**3 974. 739**	3 945. 897	3 971. 127	4. 746 908
	S _ PSO _ CS	**3 974. 739**	**3 974. 739**	**3 974. 739**	**0**
	S _ DE _ CS	**3 974. 739**	**3 974. 739**	**3 974. 739**	**0**
	P _ DE _ GA	**3 974. 739**	3 974. 466	3 974. 729	0. 042 18
	P _ PSO _ DE	**3 974. 739**	**3 974. 739**	**3 974. 739**	**0**
livingroom	PSO	**1 627. 908**	**1 627. 908**	**1 627. 908**	**0**
	CS	**1 627. 908**	**1 627. 908**	**1 627. 908**	**0**
	DE	**1 627. 908**	**1 627. 908**	**1 627. 908**	**0**
	GA	**1 627. 908**	1 611. 209	1 624. 82	3. 509 884
	S _ PSO _ CS	**1 627. 908**	**1 627. 908**	**1 627. 908**	**0**
	S _ DE _ CS	**1 627. 908**	**1 627. 908**	**1 627. 908**	**0**
	P _ DE _ GA	**1 627. 908**	1 627. 66	1 627. 894	0. 050 751
	P _ PSO _ DE	**1 627. 908**	**1 627. 908**	**1 627. 908**	**0**

从表 7. 1 可以看出，这 8 种算法在计算二维阈值 Otsu 时均得出了相同的最优值。单一算法中，只有遗传算法没有每次得出稳定的解，其最差值和均值与最优值有一定差距，杜鹃搜索算法在图像 lake 中没有得出稳定的解，其均值小于最优值，粒子群优化算法和差分进化算法每次都得到了最优值，且值相当稳定，其标准差为 0。与单一算法类似，参与实验的 4 种混合算法中，只有并行差分进化遗传算法（P _ DE _ GA）没能每次都找稳定的最优值，但其值明显优于单一的遗传算法的结果，由于精度的关系，并行差分进化遗传算法虽在 lena 图像上得到的最差值小于最优值，但其显示出的均值部分与最优值相同。串行粒子群杜鹃搜索算法（S _ PSO _ CS）在图像 lena 上未能找到稳定的最优值，但其结果与最优值相差不大。二维阈值 Otsu 的计算量相对较小，无法明显显示出各算法之间的差异。

表 7. 2　各算法四维阈值 Otsu 计算结果

图像	算法	最优值	最差值	均值	标准差
lena	PSO	**2 484. 205**	**2 484. 146**	**2 484. 189**	**0. 016 973**
	CS	**2 484. 205**	2 481. 05	2 483. 843	0. 555 86
	DE	**2 484. 205**	2 476. 515	2 482. 854	1. 437 486
	GA	2 483. 148	2 457. 723	2 471. 927	5. 961 637
	S _ PSO _ CS	2 483. 701	2 472. 5	2 481. 256	1. 913 587
	S _ DE _ CS	**2 484. 205**	2 480. 164	2 483. 723	0. 659 039
	P _ DE _ GA	**2 484. 205**	2 479. 071	2 483. 428	1. 145 816
	P _ PSO _ DE	**2 484. 205**	2 482. 01	2 484. 031	0. 420 805

图像	算法	最优值	最差值	均值	标准差
house	PSO	**3 262.697**	3 252.866	3 260.729	3.608 109
	CS	**3 262.697**	3 258.701	3 262.191	0.951 234
	DE	**3 262.697**	3 259.232	3 261.63	0.777 024
	GA	3 262.212	3 247.166	3 256.258	3.963 156
	S_PSO_CS	3 262.637	3 256.393	3 260.409	1.458 517
	S_DE_CS	**3 262.697**	**3 259.935**	**3 262.263**	**0.589 514**
	P_DE_GA	**3 262.697**	3 256.354	3 261.354	1.681 014
	P_PSO_DE	**3 262.697**	3 258.901	3 262.088	0.946 55
lake	PSO	**4 180.885**	**4 180.762**	**4 180.852**	**0.032 571**
	CS	**4 180.885**	4 179.282	4 180.55	0.375 606
	DE	**4 180.885**	4 176.026	4 179.058	1.485 612
	GA	4 178.284	4 149.75	4 167.046	8.134 639
	S_PSO_CS	4 180.495	4 169.309	4 177.299	2.309 437
	S_DE_CS	**4 180.885**	4 178.52	4 180.49	0.485 236
	P_DE_GA	**4 180.885**	4 174.724	4 180.086	1.217 705
	P_PSO_DE	**4 180.885**	4 176.463	4 180.62	0.716 805
livingroom	PSO	**1 828.865**	**1 828.755**	**1 828.844**	**0.023 39**
	CS	**1 828.865**	1 826.553	1 828.329	0.637 565
	DE	**1 828.865**	1 825.375	1 827.711	0.912 285
	GA	1 828.133	1 801.321	1 818.407	6.552 609
	S_PSO_CS	1 828.753	1 817.797	1 825.895	2.471 95
	S_DE_CS	**1 828.865**	1 826.471	1 828.254	0.542 515
	P_DE_GA	**1 828.865**	1 820.635	1 827.697	1.899 754
	P_PSO_DE	**1 828.865**	1 825.269	1 828.438	0.745 167

从表 7.2 可以看出，粒子群优化算法、杜鹃搜索算法、差分进化算法这 3 种单一算法以及串行差分进化杜鹃搜索算法、并行差分进化遗传算法、并行粒子群差分进化算法这 3 种混合算法每次都能得出相同的最优值。这 8 种算法中遗传算法和串行粒子群杜鹃搜索算法没能得出最优值。总体上，粒子群优化算法表现相对较好，除图像 house 外，粒子群优化算法均得出了最佳的均值，同时标准差远小于其他算法。每次都能得到最佳最优值的 3 个混合函数均与差分进化算法有关，比较这 3 种混合算法和差分进化算法的结果可知，除图像 house、livingroom 外，混合算法得到的均值略优于单一的差分进化算法，在图像 house、livingroom 上仅并行差分进化遗传算法的结果略差于差分进化算法的结果且相差不大。

表 7.3 给出了各算法六维阈值 Otsu 计算结果。可以看出几乎没有多种算法得出同一个值的情况出现。粒子群优化算法在图像 lena、lake 上得出了最佳的最优值，而并行粒子群差分进化算法在图像 house、livingroom 上得出了最佳的最优值。在均值方面，粒子群优化算法每次都得出了最佳的均值。遗传算法在这 8 种算法中，每次得到的结果都差于其他算法。比较并行差分进化遗传算法和遗传算法、差分进化算法可以看出，并行差分进化遗传算法的结果优于单一的遗传算法，仅在图像 livingroom 上差于差分进化算法且差距不大。

表 7.3　各算法六维阈值 Otsu 计算结果

图像	算法	最优值	最差值	均值	标准差
lena	PSO	**2 540. 615**	**2 540. 338**	**2 540. 504**	**0. 071 514**
	CS	2 540. 375	2 531. 11	2 536. 387	2. 303 623
	DE	2 537. 834	2 529. 998	2 534. 133	2. 104 476
	GA	2 537. 245	2 516. 946	2 527. 063	5. 123 996
	S_PSO_CS	2 537. 964	2 524. 02	2 531. 091	3. 312 072
	S_DE_CS	2 539. 496	2 531. 922	2 536. 482	1. 872 553
	P_DE_GA	2 540. 08	2 527. 596	2 535. 311	2. 810 899
	P_PSO_DE	2 540. 629	2 527. 445	2 537. 194	3. 221 542
house	PSO	3 302. 467	3 286. 025	**3 299. 933**	5. 627 11
	CS	3 302. 408	**3 294. 397**	3 299. 622	**1. 833 934**
	DE	3 300. 983	3 292. 206	3 297. 39	2. 338 134
	GA	3 299. 973	3 281. 081	3 292. 112	4. 717 481
	S_PSO_CS	3 301. 555	3 289. 094	3 296. 1	2. 396 768
	S_DE_CS	3 302. 111	3 292. 449	3 298. 809	1. 862 194
	P_DE_GA	3 302. 464	3 293. 604	3 298. 108	2. 328 601
	P_PSO_DE	3 302. 469	3 291. 885	3 299. 298	2. 763 41
lake	PSO	**4 236. 922**	**4 233. 926**	**4 236. 698**	**0. 412 178**
	CS	4 236. 823	4 227. 825	4 233. 051	2. 200 378
	DE	4 234. 543	4 224. 549	4 230. 502	2. 417 679
	GA	4 234. 835	4 191. 808	4 224. 04	7. 481 801
	S_PSO_CS	4 232. 907	4 219. 923	4 226. 911	3. 619 527
	S_DE_CS	4 236. 442	4 228. 342	4 232. 563	1. 998 515
	P_DE_GA	4 236. 711	4 221. 818	4 230. 871	3. 079 105
	P_PSO_DE	4 236. 927	4 227. 93	4 233. 601	2. 625 944
livingroom	PSO	1 897. 979	**1 897. 467**	**1 897. 841**	**0. 101 938**
	CS	1 897. 349	1 887. 914	1 893. 184	2. 356 872
	DE	1 896. 871	1 886. 042	1 890. 858	2. 287 716
	GA	1 897. 161	1 869. 451	1 885. 368	5. 241 298
	S_PSO_CS	1 895. 307	1 879. 62	1 888. 813	3. 357 261
	S_DE_CS	1 897. 492	1 887. 211	1 893. 396	2. 294 937
	P_DE_GA	1 897. 54	1 883. 419	1 890. 423	3. 388 859
	P_PSO_DE	**1 897. 995**	1 885. 153	1 894. 72	2. 98 5044

　　表 7.4 中给出了各算法八维阈值 Otsu 计算结果。维度进一步增加，计算量也进一步提升。粒子群优化算法依然在每幅图像上得出了最佳的均值，且其值明显优于其他算法。最优值上，并行粒子群差分进化算法在图像 house、livingroom 上得出了最佳的最优值，而粒子群优化算法在图像 lena、lake 上得出了最佳的最优值。

表 7.4 各算法八维阈值 Otsu 计算结果

图像	算法	最优值	最差值	均值	标准差
lena	PSO	**2 562.535**	**2 559.807**	**2 561.147**	**0.811 071**
	CS	2 560.008	2 550.27	2 555.581	2.383 589
	DE	2 559.701	2 549.408	2 555.08	2.107 229
	GA	2 558.478	2 532.606	2 551.098	4.961 677
	S_PSO_CS	2 558.476	2 546.66	2 553.376	2.959 369
	S_DE_CS	2 559.533	2 552.2	2 556.067	1.628 075
	P_DE_GA	2 560.714	2 547.344	2 554.69	2.423 155
	P_PSO_DE	2 562.379	2 549.113	2 557.487	3.506 133
house	PSO	3 316.342	3 297.495	**3 315.476**	2.593 545
	CS	3 314.893	3 307.811	3 311.311	**1.544 785**
	DE	3 315.071	3 307.44	3 310.929	1.715 506
	GA	3 314.89	3 302.538	3 309.411	2.859 87
	S_PSO_CS	3 314.024	3 305.043	3 310.864	1.818 405
	S_DE_CS	3 315.029	**3 308.482**	3 311.793	1.564 57
	P_DE_GA	3 315.589	3 307.174	3 311.17	1.951 169
	P_PSO_DE	**3 316.368**	3 305.626	3 312.774	2.537 68
lake	PSO	**4 260.198**	**4 257.291**	**4 259.598**	**0.590 17**
	CS	4 257.07	4 246.081	4 252.561	2.949 209
	DE	4 257.589	4 246.137	4 251.48	2.467 682
	GA	4 257.553	4 240.189	4 249.928	3.857 953
	S_PSO_CS	4 258.012	4 245.555	4 250.809	2.617 54
	S_DE_CS	4 257.017	4 246.694	4 252.411	2.124 528
	P_DE_GA	4 257.504	4 246.74	4 251.963	2.551 536
	P_PSO_DE	4 260.007	4 247.116	4 254.737	3.454 385
livingroom	PSO	1 925.912	**1 924.24**	**1 925.453**	**0.359 033**
	CS	1 923.518	1 911.694	1 918.151	2.497 326
	DE	1 921.202	1 912.646	1 916.835	2.067 255
	GA	1 921.426	1 903.586	1 913.562	3.799 998
	S_PSO_CS	1 924.382	1 908.314	1 915.967	3.374 673
	S_DE_CS	1 924.276	1 913.392	1 918.856	2.519 488
	P_DE_GA	1 923.845	1 912.286	1 917.431	2.580 689
	P_PSO_DE	**1 926.002**	1 911.77	1 920.718	3.394 462

从 Otsu 计算结果可以看出，粒子群优化算法的结果明显优于其他算法，遗传算法的结果明显差于其他值。当维度较低时，这 4 种混合算法均得出了较优的结果，维度较高时，这 4 种混合算法的结果相差不大，差分粒子群优化算法略优于其他单一优化算法。其原因可能是将 Otsu 作为优化算法的适应度函数其计算量相对较小，且其数学特性较为单一，可能有某一种算法比其他算法更加适合计算 Otsu。同时，由于该问题较为简单，实验所设计的种群规模

和最大迭代次数都较少。串行混合算法会进一步减少每种算法的迭代次数而并行混合算法则会进一步减少每种算法的种群数量，这将会导致混合算法的性能较差且不稳定，但从实验结果可以看出，混合算法在较少的种群和迭代次数上依然得出了较优的结果。从混合了遗传算法的混合算法中可以看出，其算法结果会受遗传算法影响而没有得到最佳的均值，但其结果并不依赖于单一的遗传算法，其结果明显优于单一遗传算法的结果。

第 8 章

基于混合智能优化算法的图像聚类分割方法

8.1 聚类分析和 FCM 算法

■ 8.1.1 聚类分析

将物理或抽象对象的集合分成由类似的对象组成的多个类的过程被称为聚类。聚类分析起源于分类学，在古老的分类学中，人们主要依靠经验和专业知识来实现分类，很少利用数学工具进行定量的分类。随着人类科学技术的发展，对分类的要求越来越高，以致有时仅凭经验和专业知识难以确切地进行分类，于是人们逐渐地把数学工具引用到了分类学中，形成了数值分类学，之后又将多元分析的技术引入数值分类学形成了聚类分析。聚类分析内容非常丰富，有系统聚类法、有序样品聚类法、动态聚类法、模糊聚类法、图论聚类法、密度峰值聚类法等。

聚类的用途是很广泛的，在商业上，聚类可以帮助市场分析人员从消费者数据库中区分出不同的消费群体来，并且概括出每一类消费者的消费模式或者说习惯。在生物学上，聚类能用于推导植物和动物的分类，对基因进行分类，获得对种群中固有结构的认知。在数据挖掘中，聚类可以作为一个单独的工具以发现数据库中分布的一些深层的信息，并且概括出每一类的特点，或者把注意力放在某一个特定的类上以作进一步的分析。

目前应用比较广泛的聚类分析的算法主要可以分为划分法（partitioning methods）、层次法（hierarchical methods）、基于密度的方法（density-based methods）、基于网格的方法（grid-based methods）、基于模型的方法（model-based methods）。

因为图像分割问题可以看作针对图像像素点的聚类问题，所以聚类分析也就很自然地被应用于解决图像分割问题。聚类作为一种简单直观的分割方法，在图像分割领域占有非常重要的地位。图像分割中常用的聚类方法有 C 均值算法、模糊 C 均值算法、EM 算法等。本章主要讨论的是模糊 C 均值算法，也就是 FCM 算法。

■ 8.1.2 FCM 算法

由 Dunn 提出，后经 Bezdek 推广的 FCM 算法采用软划分的方式完成聚类过程，尽可能地保持图像的原有信息。与活动轮廓模型、马尔可夫模型和水平集模型等算法相比，FCM

算法应用于图像分割具有步骤简单、易于实现、执行效率高等特点，可有效地解决存在不确定性和模糊性的图像分割问题，因而得到广泛应用。然而，模糊 C 均值算法存在对初始聚类中心敏感，容易陷入局部最优，导致聚类效果差异大的问题，在用于基于灰度图像分割时，由于聚类数目大，这一缺点尤为明显。针对该问题，很多研究人员对传统 FCM 算法进行改进，提出了初始值选取 FCM 算法。裴继红等根据图像的灰度直方图来选择初始聚类中心；Yager 等利用构造的势函数来选择初始聚类中心；汪克勤等根据样本数据的权重来选择初始聚类中心；还有诸多研究者利用智能优化算法来寻找初始聚类中心，如粒子群优化算法、遗传算法、蜂群算法、模拟退火算法等。然而这些进化算法通常存在易陷入局部极值或全局搜索能力不强问题。

8.2　磷虾群算法及其改进

磷虾群算法（Krill Herd，KH）是从南极磷虾群体的生存环境和生活习性的仿真模拟实验中受到启发，并由 Gandomi 和 Alavi 于 2012 年首次提出的一种新型的群智能优化算法。南极磷虾是一种生活在南冰洋的磷虾，以群居方式生活，具有高度的聚集性，磷虾群通过运动减少自身被捕的概率及增大捕食食物的可能性。磷虾群算法利用随机搜索方向替代函数梯度方向，不依赖于所求解问题函数的具体信息，具有普适性，算法采用群体搜索具有高度的并行性和鲁棒性，相比于其他的方法，具有更快的收敛性。本章将主要围绕着磷虾群算法对聚类分析在图像分割中的利用进行展开，特别是传统的磷虾群算法在寻优过程中也存在着容易陷入局部最优的问题，因此利用 K-means 算法对磷虾群算法进行改进，使其具有较强的全局收敛性和较高的稳定性，也是本章重点讨论的问题之一。

■8.2.1　磷虾群算法

磷虾群算法是一种基于元启发式种群的全局最优算法，是对磷虾群对于生化进程和环境演变响应行为的模拟。每只磷虾的位置代表目标函数的一个可行解，个体进化受诱导运动、觅食运动和随机扩散的协同影响。KH 算法采用拉格朗日模型进行有效搜索，并将其描述为

$$\frac{\mathrm{d}X_i}{\mathrm{d}t} = N_i + F_i + D_i \tag{8.1}$$

其中，N_i、F_i、D_i 表示磷虾个体 i 的 3 个运动分量，分别是诱导运动、觅食运动和随机扩散运动。其算法描述如下：

磷虾个体的邻居诱导运动速度 N_i^{new} 可定义为

$$N_i^{\mathrm{new}} = \alpha_i + \omega_n N_i^{\mathrm{old}} \tag{8.2}$$

磷虾个体的觅食运动速度 F_i 可定义为

$$F_i = V_f\beta_i + \omega_f F_i^{\mathrm{food}} \tag{8.3}$$

磷虾个体的随机扩散运动速度 D_i 可定义为

$$D_i = D^{\max}\left(1 - \frac{I}{I_{\max}}\right)\delta \tag{8.4}$$

KH 算法的粒子更新过程利用可表示为

$$X_i(t + \Delta t) = X_i(t) + \Delta t \frac{\mathrm{d}X_i}{\mathrm{d}t} \tag{8.5}$$

$$\Delta t = \mathrm{Ct}\sum_{j=1}^{\mathrm{NV}}(\mathrm{UB}_j - \mathrm{LB}_j) \tag{8.6}$$

其中，步长因子 Ct 为常数且 Ct $\in [0, 2]$；UB_j 和 LB_j 分别为决策变量的上界和下界；NV 为决策变量的维数。

8.2.2 对磷虾群算法的改进

本章利用 K-means 算法初始化磷虾群算法的种群，把 FCM 算法的目标函数作为磷虾群算法的适应度函数，求出 FCM 算法的初始聚类中心，再利用 FCM 算法计算出最终聚类结果。KH 算法的种群多样性和算法的全局探索能力得到增强，FCM 算法容易陷入局部极值的问题得到缓解。新算法有着较强的全局收敛性和较高的稳定性，其算法描述如下。

（1）初始化 FCM 算法的聚类数目 c，迭代次数 iter。

（2）初始化磷虾群算法的种群规模 P，最大迭代次数 $I_{\max}$，最大诱导速度 $N^{\max}$，最大觅食速度 V_f 和最大扩散速度 $D^{\max}$。

（3）以 K 均值算法产生 KH 算法的初始种群。

（4）对参数进行初始化。

（5）输出种群的最优个体，作为 FCM 算法的初始聚类中心。

（6）计算 FCM 算法的隶属度矩阵，迭代相应的次数，进行图像分割。

8.3 实 验 过 程

8.3.1 实验过程简述

为了验证上述算法的分割能力，利用改进的磷虾群算法和模糊 C 均值算法对图片进行分割。以误差平方和函数比较 IKH-FCM 算法、FCM 算法和 PSO-FCM 算法的分割性能。实验证明，IKH-FCM 算法在图像分割上具有较强的全局收敛性、较高的稳定性以及较快的分割速度，能够有效地提高图像分割的效果。

本章的实验环境为 Windows 10 操作系统，Intel Core i5-6300HQ CPU（2.3 GHz），8 GB 内存，Matlab 2016a。本章分别对 luna 图、dancer 图、einstein 图、road 图和 girl 图作图像分割。通过设置不同分类数从目标函数比较 PSO-FCM 算法、FCM 算法与 IKH-FCM 算法的分割性能。选取的图像如图 8.1 所示。

本章将 PSO 算法和 KH 算法的初始种群 P 设置为 $P = 50$，迭代次数随分类数的变化作出相应的调整，但始终保持两种算法的一致。磷虾群算法的最大诱导速度 $N^{\max} = 0.01$，最大觅

图 8.1　选取的图像

食速度 $V_f = 0.02$ 和最大扩散速度 $D_{max} = 0.005$，FCM 算法的迭代次数 iter = 20。PSO 算法的学习因子 $c_1 = c_2 = 0.5$，惯性权重 $w = 0.8$。本章对于 6 幅图探究了聚类数目 c 分别为 2、3、4、5 时评价指标的大小并将 3 种算法进行比较。

每种算法独立运行 20 次，3 种算法在各幅图的聚类效果以及其目标函数的均值和标准差如下所示。

■ 8.3.2　实验结果及数据

实验结果及数据如表 8.1~表 8.9 和图 8.2~图 8.10 所示。

表 8.1   luna 图目标函数的均值和标准差

聚类数目	算法	均　　值	标准差
$c=2$	IKH-FCM	1 362 350 858. 691 98	6. 164 035 842 702 33E-07
	PSO-FCM	454 116 952. 897 329	1. 933 830 036 291 63E-07
	FCM	454 116 952. 898 419	0. 001 202 051 956 204
$c=3$	IKH-FCM	553 874 896. 740 303	0. 161 556 458 185 606
	PSO-FCM	184 624 965. 555 925	0. 020 421 783 320 632
	FCM	184 628 162. 999 86	6 561. 249 218 511 76
$c=4$	IKH-FCM	310 874 387. 319 574	15. 663 504 695 104 5
	PSO-FCM	103 624 795. 596 75	9. 306 930 154 825 04
	FCM	103 864 789. 585 275	570 598. 376 564 743
$c=5$	IKH-FCM	199 150 140. 779 063	777 803. 379 386 124
	PSO-FCM	66 269 305. 484 697	1 401 36. 675 754 762
	FCM	68 572 523. 072 132 5	1 498 996. 048 588 97

表 8.2   dancer 图目标函数的均值和标准差

聚类数目	算法	均　　值	标准差
$c=2$	IKH-FCM	47 687 323. 521 682 3	0. 000 012 296 122 199 720 9
	PSO-FCM	15 895 774. 507 225 5	2. 760 104 182 201 37E-08
	FCM	15 895 778. 724 370 7	2. 614 803 670 247 56
$c=3$	IKH-FCM	20 017 791. 404 185 7	0. 000 164 922 496 953 625
	PSO-FCM	6 672 597. 134 692 52	6. 903 779 679 969 52E-06
	FCM	6 672 850. 101 345 43	6 672 850. 101 345 43
$c=4$	IKH-FCM	11 270 609. 878 077 6	83. 183 462 640 785 4
	PSO-FCM	3 756 859. 835 980 02	18. 493 137 694 451
	FCM	3 762 121. 587 952 65	6 389. 797 482 605 04
$c=5$	IKH-FCM	7 005 504. 158 019 8	30. 588 177 285 210 8
	PSO-FCM	2 335 136. 078 132 85	36. 753 134 999 686 9
	FCM	2 346 000. 898 514 11	11 173. 149 256 970 9

表 8.3   einstein 图目标函数的均值和标准差

聚类数目	算法	均　　值	标准差
$c=2$	IKH-FCM	7 610 899. 037 978 55	2. 271 237 506 325 91E-09
	PSO-FCM	2 536 966. 345 992 85	7. 777 343 284 839 87E-10
	FCM	2 536 966. 345 992 85	1. 165 377 998 427 41E-09

续表

聚类数目	算法	均　　值	标准差
$c=3$	IKH-FCM	3 433 017. 095 552 53	0. 152 622 199 766 693
	PSO-FCM	1 144 338. 998 978 96	0. 034 661 103 415 653
	FCM	1 144 414. 456 120 3	119. 070 576 923 06
$c=4$	IKH-FCM	2 084 229. 592 709 55	12 809. 982 863 614 5
	PSO-FCM	693 631. 123 068 679	29. 976 499 741 658 8
	FCM	713 646. 216 901 595	25 333. 632 712 288 8
$c=5$	IKH-FCM	1 382 171. 054 633 32	14 667. 074 740 080 4
	PSO-FCM	458 934. 329 163 918	2 292. 720 511 022 31
	FCM	460 271. 965 699 052	3 976. 785 265 359 04

表 8.4　road 图目标函数的均值和标准差

聚类数目	算法	均　　值	标准差
$c=2$	IKH-FCM	51 073 656. 562 985	2. 058 246 178 377 72E-08
	PSO-FCM	51 073 656. 562 985	2. 072 392 366 704 78E-08
	FCM	51 073 656. 565 099 5	0. 007 620 653 234 281
$c=3$	IKH-FCM	28 499 043. 622 195 9	28 122. 569 622 288 5
	PSO-FCM	28 502 034. 363 700 8	29 270. 915 037 823 5
	FCM	28 542 149. 675 918 9	1 472. 959 200 618 72
$c=4$	IKH-FCM	14 270 216. 028 391 9	3. 537 499 375 843 66
	PSO-FCM	14 270 214. 860 902 5	1. 035 926 910 726 58
	FCM	19 235 584. 632 667 3	393 020. 895 970 314
$c=5$	IKH-FCM	8 983 748. 050 917	7 193. 321 098 504 16
	PSO-FCM	8 981 498. 103 789 41	1 601. 481 084 326 86
	FCM	13 250 949. 233 011 7	1 528 865. 979 775 92

表 8.5　girl 图目标函数的均值和标准差

聚类数目	算法	均　　值	标准差
$c=2$	IKH-FCM	676 241 105. 128 191	2. 970 806 072 072 41E-07
	PSO-FCM	202 721 511. 099 228	8. 232 984 713 510 9E-08
	FCM	202 721 511. 099 622	0. 000 458 069 121 841 09
$c=3$	IKH-FCM	327 082 166. 075 04	217. 899 084 122 429
	PSO-FCM	82 537 865. 706 056 6	0. 001 833 764 937 31
	FCM	82 543 436. 754 343 8	14 931. 123 695 610 8

续表

聚类数目	算法	均　　值	标准差
c=4	IKH-FCM	183 201 712. 914 665	805. 706 290 713 425
	PSO-FCM	46 543 648. 851 156 4	522. 971 810 847 992
	FCM	46 604 439. 536 811 4	100 315. 122 122 063
c=5	IKH-FCM	116 288 204. 707 723	9 825. 685 851 167 36
	PSO-FCM	28 678 711. 110 152	146. 695 688 474 951
	FCM	28 780 333. 833 357 6	149 752. 876 516 151

表 8.6　girl2 图目标函数的均值和标准差

聚类数目	算法	均　　值	标准差
c=2	IKH-FCM	379 164 949. 556 913 7	4. 403 849 452 775 493E-06
	PSO-FCM	126 388 316. 518 970 2	6. 413 788 638 698 701E-08
	FCM	126 388 344. 854 324 1	22. 466 510 219 616 563
c=3	IKH-FCM	117 417 386. 984 447 8	2. 039 941 497 694 559E-06
	PSO-FCM	39 139 128. 994 815 39	3. 507 566 691 678 125E-07
	FCM	39 139 131. 907 036 22	4. 691 042 549 392 856
c=4	IKH-FCM	63 946 215. 333 079 80	3 156. 102 376 155 177
	PSO-FCM	21 315 140. 543 298 84	813. 443 658 454 026 5
	FCM	21 464 369. 774 134 42	327 898. 108 193 709 1
c=5	IKH-FCM	38 780 907. 258 613 45	1 568. 284 956 041 409
	PSO-FCM	12 926 767. 367 805 77	27. 122 660 516 722 828
	FCM	13 265 969. 358 433 93	469 208. 152 422 801

表 8.7　girl3 图目标函数的均值和标准差

聚类数目	算法	均　　值	标准差
c=2	IKH-FCM	631 004 306. 170 375 3	0. 000 223 734 524 343 544 5
	PSO-FCM	210 332 929. 785 340 0	1. 788 139 343 261 71 9e-07
	FCM	210 332 988. 697 782 6	83. 081 202 120 340 180
c=3	IKH-FCM	236 211 419. 080 625 1	0. 000 905 100 881 816 700 3
	PSO-FCM	78 735 137. 086 653 92	0. 000 029 964 535 142 398 5
	FCM	78 735 187. 099 098 24	73. 306 360 147 494 220
c=4	IKH-FCM	124 367 460. 569 302 1	0. 014 619 265 308 611
	PSO-FCM	41 453 769. 263 450 03	0. 029 960 534 035 275
	FCM	4 149 9961. 552 363 37	98 799. 131 952 463 14

聚类数目	算法	均　　值	标准差
c = 5	IKH-FCM	83 027 982. 400 702 69	1 805 786. 405 137 727
	PSO-FCM	27 683 966. 141 281 35	633 074. 854 946 422 0
	FCM	27 519 462. 012 252 38	29 083. 175 940 521 09

表 8.8　girl4 图目标函数的均值和标准差

聚类数目	算法	均　　值	标准差
c = 2	IKH-FCM	494 066 860. 663 479	2. 187 878 931 718 46E-07
	PSO-FCM	164 688 951. 038 365	5. 638 034 957 211 71E-08
	FCM	164 688 951. 039 1	0. 001 518 397 203 634
c = 3	IKH-FCM	181 682 970. 161 143	0. 299 379 960 144 455
	PSO-FCM	60 560 988. 496 281 4	0. 002 267 190 874 694
	FCM	60 561 961. 816 285 7	1 188. 178 077 509 03
c = 4	IKH-FCM	94 759 609. 804 262 1	19. 299 109 924 504 4
	PSO-FCM	31 586 538. 312 161 9	10. 545 601 027 492 9
	FCM	31 690 611. 445 080 1	166 166. 000 620 45
c = 5	IKH-FCM	60 901 642. 958 030 5	156. 094 989 847 836
	PSO-FCM	20 300 745. 939 273 1	519. 588 526 250 178
	FCM	20 995 310. 276 975 9	842 921. 280 223 865

表 8.9　boy 图目标函数的均值和标准差

聚类数目	算法	均　　值	标准差
c = 2	IKH-FCM	530 173 622. 776 134	0. 003 735 761 229 301
	PSO-FCM	176 724 532. 047 898	0. 000 023 746 702 530 132 2
	FCM	176 724 629. 898 925	97. 238 862 439 264 5
c = 3	IKH-FCM	216 457 064. 792 238	0. 020 318 391 218 441
	PSO-FCM	72 152 348. 116 166 3	0. 004 124 860 451 158
	FCM	72 152 748. 837 169 6	524. 140 688 435 513
c = 4	IKH-FCM	117 511 099. 078 771	100. 041 806 245 101
	PSO-FCM	39 170 366. 543 690 4	195. 503 605 143 719
	FCM	39 190 651. 751 361 5	21 825. 763 816 942 1
c = 5	IKH-FCM	74 401 137. 466 468 2	394. 622 235 416 302
	PSO-FCM	24 800 930. 049 212	1 560. 225 818 113 03
	FCM	25 070 170. 236 452 8	269 489. 242 057 298

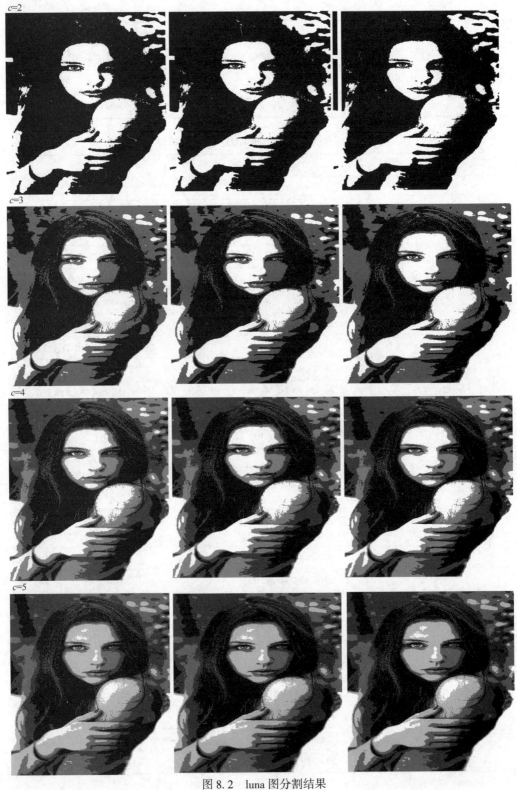

图 8.2　luna 图分割结果

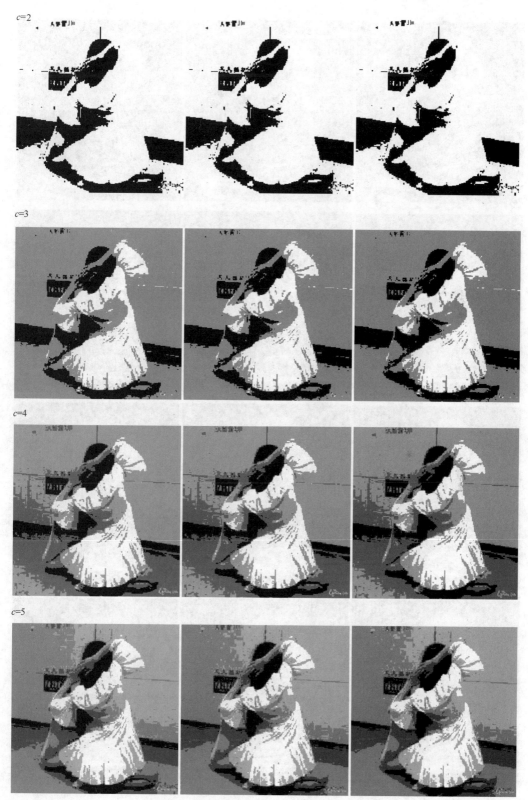

图 8.3 dancer 图分割结果

图 8.4　einstein 图分割结果

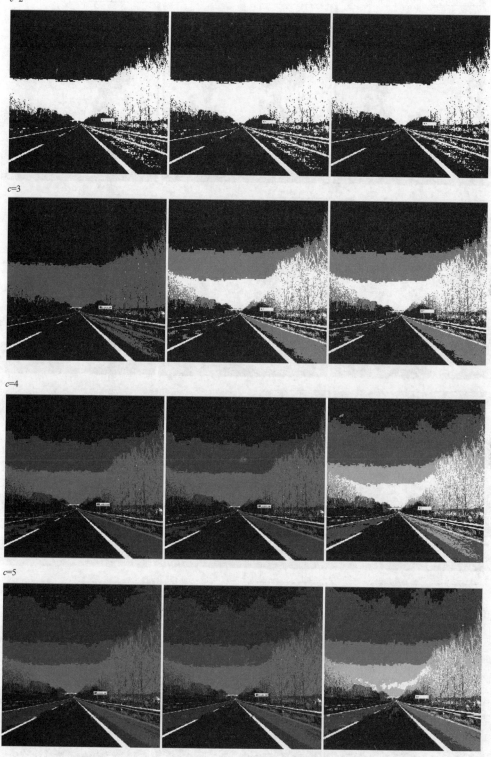

图 8.5　road 图分割结果

图 8.6　girl 图分割结果

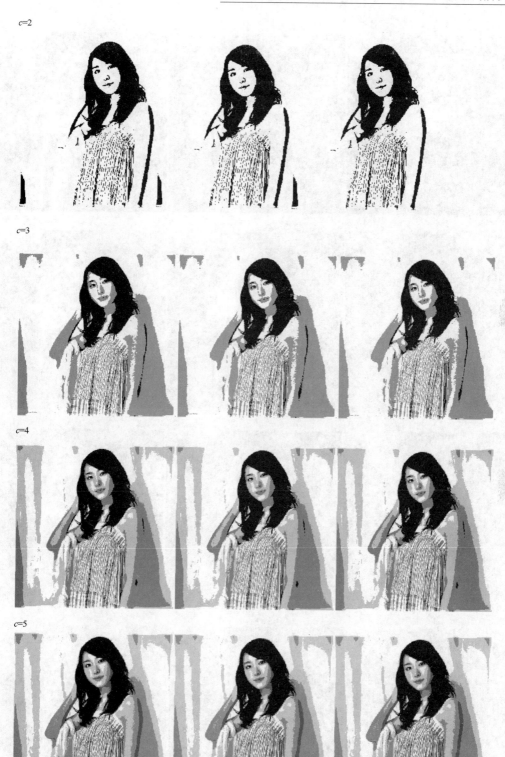

图 8.7　girl2 图分割结果

图 8.8　girl3 图分割结果

图 8.9　girl4 图分割结果

$c=2$

$c=3$

$c=4$

$c=5$

图 8.10 boy 图分割结果

■ 8.3.3　实验结果分析

对于各幅图，当聚类数 $c = 2$ 时，3 种算法的分割效果都比较接近，都能比较好地对图像进行分割。当聚类数分别为 3，4，5 时，IKH-FCM 算法的目标函数的均值与标准差都远远优于 FCM 算法函数的值。而 IKH-FCM 与 PSO-FCM 算法相比，在不同聚类数目的情况下，其均值更小，标准差更小，因此其聚类效果比 PSO-FCM 算法的聚类效果更优。当聚类数增加时，IKH-FCM 算法的优势性变得更加明显，PSO-FCM 算法与其相比差距增大。因此该实验证明，在不同聚类数的情况下，IKH-FCM 算法比 PSO-FCM 算法和 FCM 算法的聚类效果更好，分类结果更优。IKH-FCM 算法在图像分割上具有较强的全局收敛性、较高的稳定性以及较快的分割速度，能有效地进行图像分割。

第 9 章

基于自然计算的高光谱图像降维方法

9.1　高光谱图像降维概述

由于高光谱图像提取过程中，波段信息通过传感器连续获取，不同波段间有着较高的相关性和冗余度，并不是所有波段对图像分类起到积极作用，通过选择最优波段子集组合得到新的高光谱图像空间，对高光谱图像数据进行"降维"，是高光谱图像处理非常关键的预处理工作，得到了广泛的关注和研究。所谓的最优波段子集的选择即是从原始高光谱图像的全部 M 个波段中，通过某种搜索策略选出 N 个波段（M 不小于 N），构建波段子集，使得目标函数值达到最优。因此，对高光谱图像进行波段选择可以在一定程度上降低原始数据的维度，最大限度地保留了感兴趣地物目标的光谱特征信息。在本章中，进行波段选择的目的可以概括为以下 3 个方面。

（1）由于波长变化范围较窄，获取某些波段信息较为困难，基于小样本波段子集进行分类更方便操作。

（2）由于图像包含波段数目的增加，若某两个波段间具有较高的相关性，一旦前一个波段被用于分类，就没有必要采用后一个波段。

（3）在某些波长范围内波段特征较为集中时，易产生"维数灾难"现象，分类器模型的泛化能力及分类精度显著下降。

综合上述分析，进行波段选择主要有以下两个方面的作用：一是去除冗余的光谱信息以及相关性较高的波段信息，改善分类精度，降低算法的时间复杂度；二是在分类实际操作过程中，选用较少的光谱信息尽可能简化分类器模型结构，数据生成的过程更为快速。随着光谱成像的不断发展，高光谱图像的应用范围越来越广，为了进一步提高图像的处理效率，波段选择技术近些年正受到广大研究人员的密切关注。

波段选择的主要过程如下。

（1）产生过程：波段子集通常采用随机搜索策略产生。在整个搜索过程中，常用的策略主要包括完全搜索、随机搜索以及顺序搜索等。根据不同数据集自身的特点选择最为合理的搜索策略，确定初始波段子集的形式，以获取令人满意的分类精度。

（2）目标函数：判断波段子集的优劣。依据预先设定的目标函数对产生的波段子集进行评判，通过函数值的大小判定波段子集的优劣。假设目标函数 $J(X)$，X 表示一个波段子集，

$J(X)$ 的值越大表明波段子集 X 的性能越好。

（3）终止条件：该条件与目标函数形式有着紧密的联系，通常情况下是一个预先确定的阈值，一旦函数值达到阈值，即可暂停搜索进程。

（4）检验过程：通过测试样本的分类精度，检验所选择波段子集的有效性。

常用波段选择方法有以下几种。

1. J-M 距离法

J-M 距离法是通过计算不同地物特征间的距离，对其可分性进行判定。该方法既可以针对单一波段，也可以针对由多个波段子集的多光谱或高光谱图像进行计算，对应地物类别均值间的标准距离模型表明了该地物类别在每一个波段或波段子集中可分性的大小。只要算出不同地物类别在当前波段组合中的统计距离，进行相对性的度量，取其中最大者表征的波段子集，便是区分这两类地物的最佳波段子集。J-M 距离定义如式（9.1）所示：

$$J_{ij} = 2 \times [1 - \exp(-D_{ij})] \tag{9.1}$$

其中，D_{ij} 表示 Bhattaehryya 距离，其计算如式（9.2）所示：

$$D_{ij} = \frac{1}{8}(\mu_i - \mu_j)^\mathrm{T}\left(\frac{\sum_i + \sum_j}{2}\right)^{-1}(\mu_i - \mu_j) + \frac{1}{2}\ln\left[\frac{\left|\dfrac{\sum_i + \sum_j}{2}\right|}{\left(\left|\sum_i\right\| \sum_j\right|\right)^{\frac{1}{2}}}\right] \tag{9.2}$$

其中，μ_i、μ_j 分别为图像中属于第 i 和 j 类地物所有样本光谱特征值均值矢量；$\sum_i$、$\sum_j$ 分别为图像中属于第 i 和 j 类地物所有样本对应于任意 3 个波段子集的协方差矩阵。J-M 距离在计算过程中同时兼顾了统计变量的均值和协方差，在对高光谱多维空间中两类统计距离进行求解时，J-M 距离可以被认为是最佳的测度。

2. K-L 散度法

K-L 散度作为一种在通信系统中广泛应用的信号相似度度量模型。假定两个离散随机信号的概率分布函数分别由 $P = [P_1, P_2, \cdots, P_n]^\mathrm{T}$ 及 $Q = [Q_1, Q_2, \cdots, Q_n]^\mathrm{T}$ 进行表示，且 $\sum_{t=1}^{n} P_t = \sum_{t=1}^{n} Q_t = 1$，即定义信号 Q 相对于信号 P 的 K-L 散度如式（9.3）所示：

$$D_{\mathrm{KL}}(P \parallel Q) = \sum_{t=1}^{n} P_t \log \frac{P_t}{Q_t} \tag{9.3}$$

由式（9.3）可知，采用 Q 中的信息来反映 P 中全部信息所需要附加信息量的大小。K-L 散度的值越大，表明信号 P 与信号 Q 之间的相似度越小。因此，K-L 散度是一种非对称概率意义上的距离，也可以理解为两个信号所包含的信息量之差。

高光谱图像的每一个波段可以看作一维变量，将 K-L 散度应用于图像中各个波段，就可以得到其信息量的差异。假设一幅高光谱图像 $X = [x_1, x_2, \cdots, x_p]^\mathrm{T} \in R^{p \times n}$，其中 p、n 分别表示图像包含的总波段和像元个数，$x_i = [x_{i1}, x_{i2}, \cdots, x_{in}]^\mathrm{T}$ 表示第 i 个波段中像元的光谱特征值，则第 j 个波段相对于第 i 个波段的 K-L 散度由式（9.4）定义：

$$D_{\mathrm{KL}}(x_i \parallel x_j) = \sum_{t=1}^{n} x_{it} \log \frac{x_{it}}{x_{jt}} \tag{9.4}$$

式（9.4）表明，用第 j 个波段信息反映第 i 个波段信息所需附加信息量的大小。假设从

波段子集中移出第 i 个波段，将会损失大小为 $D_{\mathrm{KL}}(x_i \parallel x_f)$ 的信息量；相反，若第 j 个波段被移出，则将损失大小为 $D_{\mathrm{KL}}(x_j \parallel x_i)$ 的信息量。

3. 最佳指数因子法

最佳指数因子法（optimum index factor，OIF）通过将标准差与相关系数进行结合，为判定选取波段子集的优劣提供了更为直观的依据。其原理是如果原始图像不同波段间的标准差较大，则说明波段子集具有较为丰富的信息量。如果不同波段间的相关系数较小，则说明当前波段子集的相关性大，光谱信息的冗余度也随之减小，即波段子集的信息量与其中各个波段间互信息成反比，与其标准差成正比。最佳指数因子定义如式（9.5）所示：

$$\mathrm{OIF} = \frac{\sum\limits_{i=1}^{n} S_i}{\sum\limits_{i=1}^{n} \sum\limits_{j=i+1}^{n} |R_{ij}|} \tag{9.5}$$

其中，S_i 表示第 i 个波段的标准差，其计算过程如式（9.6）所示；R_{ij} 表示第 i 个波段与第 j 个波段之间的相关系数，其计算过程如式（9.7）所示：

$$S_i = \left[\frac{1}{M \times N} \sum_{k=1}^{M \times N} (f_{ik} - \bar{f}_i)^2 \right]^{\frac{1}{2}} \tag{9.6}$$

$$R_{ij} = \frac{\sum\limits_{k=1}^{M \times N} (f_{ik} - \bar{f}_i)(f_{jk} - \bar{f}_j)}{\sqrt{\sum\limits_{k=1}^{M \times N} (f_{ik} - \bar{f}_i)^2 \sum\limits_{k=1}^{M \times N} (f_{jk} - \bar{f}_j)^2}} \tag{9.7}$$

其中，M 和 N 分别为原始图像的行像元数目与列像元数目；f_{ik} 为图像的第 i 个波段在第 k 个像元的光谱特征值；$\bar{f}_i$ 为第 i 个波段全部像元的光谱特征均值；f_{jk} 为图像的第 j 个波段在第 k 个像元的光谱特征值；$\bar{f}_j$ 为第 j 个波段全部像元的光谱特征均值。

4. 最大相关性与最小冗余度准则

最大相关性与最小冗余度准则是一种典型的特征空间搜索方法。最大相关性是指波段与地物类别相关度大，即波段能最大限度地反映样本类别信息；最小冗余度是指不同波段间相关度小即冗余度小。在波段选择相关性的分析过程中，采用非线性相关关系——互信息作为相关性度量因子。

假设两个随机变量 x 和 y，其概率密度分别为 $p(x)$ 和 $p(y)$，联合概率密度为 $p(x, y)$，则 x 和 y 之间的互信息由式（9.8）进行定义：

$$I(x; y) = \iint p(x, y) \log \frac{p(x, y)}{p(x)p(y)} \mathrm{d}x \mathrm{d}y \tag{9.8}$$

最大相关性和最小冗余度的度量指标分别由式（9.9）和式（9.10）进行计算：

$$\max D(S, c), \quad D = \frac{1}{|S|} \sum_{x_i \in S} I(x_i; c) \tag{9.9}$$

$$\min R(S), \quad R = \frac{1}{|S|^2} \sum_{x_i, x_j \in S} I(x_i; x_j) \tag{9.10}$$

其中，S 和 $|S|$ 分别为波段子集及其包含的波段数目；c 为图像包含的地物类别；$I(x_i; c)$

为第 i 个波段与地物类别 c 之间的互信息；$I(x_i; x_j)$ 为第 i 个波段与第 j 个波段之间的互信息表征；D 为波段子集 S 中各波段 x_i 与地物类别 c 之间互信息的均值，表示波段子集与相应类别的相关性；R 为不同波段互信息的大小，表示波段间的冗余性。

互信息可以较好地体现所选波段子集与输出类别之间的关系，如果所选波段子集与输出类别之间的互信息越大，说明波段子集所包含的有效信息越多。性能优良的波段子集一定服从在相关性最大条件下其冗余性最小。通过对波段间的互信息进行计算，尽可能选择对分类作用最大的波段构建特征子集。

5. relief 算法

relief 算法是一种基于样本学习的权重计算方法，通过计算不同样本间的距离来选择参与权重计算的近邻。由于距离计算过程中，涉及的波段会影响样本的相对距离，从而影响近邻的选择，最终会对波段的权重评价起作用。依据波段在同类近邻样本与异类近邻样本之间的差异来度量其区分能力。若波段在同类近邻样本之间差异小，而在异类近邻样本之间差异大，则该波段对不同地物类别具有较强的区分能力。

设样本集合 $S = \{s_1, s_2, \cdots, s_m\}$，每个样本包含 p 个波段，$s_i = \{s_{i1}, s_{i2}, \cdots, s_{ip}\}$，$1 \leq i \leq m$。样本 s_i 的类别标签 $c_i \in C$，$C = \{c_1, c_2, \cdots, c_l\}$ 为样本的类别标签集合，l 为图像中总共包含的地物类别数目。两个样本 s_i 与 s_j 在波段 t 上的差异定义如式（9.11）所示：

$$\mathrm{diff}(t, s_i, s_j) = \left| \frac{s_{it} - s_{jt}}{\max_t - \min_t} \right| \tag{9.11}$$

其中，$\max_t$ 和 $\min_t$ 分别表示第 t 个波段在当前样本集中光谱特征值的最大值和最小值。

算法运行过程中，首先从样本集合 S 中随机选择一个样本 s_i，分别选择 d 个与 s_i 距离最近的样本。与 s_i 类别相同的样本构成集合 H，与 s_i 类别相异的样本根据其所属类别 c 分别构成集合 $M(c)$，根据 H 和 $M(c)$ 利用式（9.12）更新波段 t 的权重向量 $\boldsymbol{\omega}_t$：

$$\boldsymbol{\omega}_t = \boldsymbol{\omega}_t - \sum_{x \in H} \mathrm{diff}(t, s_i, x)/(r*d) + \sum_{c \neq \mathrm{class}(s_i)} \left\{ \frac{p(c)}{1 - p[\mathrm{class}(s_i)]} \sum_{x \in M(c)} \mathrm{diff}(t, s_i, x) \right\} / (r*d) \tag{9.12}$$

由式（9.12）可知，在样本集合 S 中，对于一个选定的样本 s_i，若该样本的某一光谱特征值与其类别相异样本中同一波段的光谱特征值差异较大，与其类别相同样本中同一波段的光谱特征值差异较小，则该样本在这一波段中具有较高的可分性。

9.2　基于改进万有引力搜索算法的高光谱图像波段选择方法

■ 9.2.1　改进万有引力搜索算法编码形式

本章采用 IGSA 算法（改进万有引力搜索算法）对高光谱图像进行波段选择，其核心问题即是使算法编码形式与待解决问题相适应。对于波段选择问题而言，每个波段均包含两种状态，即该波段"被选择"或者该波段"未被选择"，故可以采用二进制编码进行求解。在算法初始化过程中，每个粒子的编码长度等于图像包含波段的总数目，每个个体的位置均由

0 或者 1 两种状态表示。状态 1 表示当前波段 "被选择"，而状态 0 表示当前波段 "未被选择"。假设一幅高光谱图像共包含 10 个波段，则 IGSA 算法可以采用以下形式进行编码：0100101010。由该编码形式可以看出，在所有波段中只有编号为 2、5、7 和 9 共 4 个波段 "被选择" 组成最优波段子集，并采用 SVM（支持向量机）对其进行分类，而剩余的波段均被舍弃。例如，采用 $\{b_1, b_2, \cdots, b_i, \cdots, b_{10}\}$ 对高光谱图像数据集中 10 个波段的光谱特征进行标记，数据集中的每一列 b_i 代表一个独立的波段，则采用波段子集 $\{b_2, b_5, b_7, b_9\}$ 代替原有数据集，降低数据维度，避免 "维数灾难" 问题。

1. 适应度函数

作为一个典型的模式识别问题，分类精度是其中一个重要的评价指标，对于波段选择问题而言，其核心是降低数据维度，即是在获取较高分类精度的基础上，进一步去除相关性较大的冗余波段。故对于最优波段子集而言，所选择波段数目也是一个十分关键的评价指标。因此，本章中波段选择问题的目标函数由式（9.13）定义：

$$F(i) = \frac{\mathrm{Acc}_i}{1 + \lambda \cdot n_i} \tag{9.13}$$

其中，$F(i)$ 为第 i 个粒子的适应度值；n_i 为波段子集包含的总波段数目；Acc_i 为 i 个粒子所对应测试样本的分类精度；λ 为波段数目的权重系数，取 $\lambda = 0.01$。

2. 算法基本流程

基于 IGSA 算法的高光谱图像波段选择方法，采用算法的二进制编码形式，运用 IGSA 算法降低高光谱图像的数据维度。在整个过程中，种群中每个粒子的位置代表空间中的一个解，最优值就是在尽可能少波段数目的前提下，获得尽可能高的分类精度。对于波段选择问题而言，粒子的位置用一个 M 维向量表示，其中 M 表示图像包含的总波段数目。基于 IGSA 算法的高光谱图像波段选择方法，其基本步骤如下：

（1）导入高光谱图像光谱特征数据集，包括训练集样本和测试集样本。对万有引力算法中种群规模、速度及位置变量初始化，并设置其他参数。

（2）依据粒子的二进制编码形式，构建波段子集，并采用 SVM 对数据集进行分类，根据式（9.13）计算每个粒子的适应度值。

（3）运行万有引力算法迭代过程，对粒子的速度进行更新。

（4）在算法运行不同阶段，分别选取部分质量较优的粒子，用混沌映射、列维飞行策略对部分粒子进行随机扰动。

（5）对粒子的位置进行更新，并对结果进行二进制编码形式转换。

（6）采用 SVM 对数据集中的样本进行分类，根据式（9.13）计算每个粒子的适应度值。

（7）判断算法是否达到终止条件。若未达到终止条件，返回第（3）步。此时，获得的解即为全局最优值（最优波段子集）。

（8）将最优波段子集代入 SVM 中，构建分类器模型，并对图像中每个像元进行分类，验证波段选择方法的有效性，输出最终分类结果。

■9.2.2　实验环境及图像数据简介

本章所有实验环境均基于 Windows 8 操作系统、Intel 酷睿 i7-6500 3.60 GHz CPU、内存

大小为 8 GB 的台式计算机进行，算法采用 Matlab 2014b 和 Visual Studio 2013 编程并结合 ENVI 提取图像的光谱特征信息共同实现。实验图像采用加拿大 ITRES 公司研发的 CASI 和 SASI 光谱成像仪分别于雄安新区和武夷山地区进行实地采集。雄安新区作为继深圳经济特区和上海浦东新区之后又一具有全国意义的新区，是北京非首都功能集中承载地，是一个新理念、新产业发展的地方，是生态保护的实验区。采用先进的遥感数据采集手段，对雄安新区的生态环境进行全面测评有着重要的意义。福建省德化县包含丰富的植被资源，笔架山、石牛山等山脉依次分布着中山草甸、中山苔藓矮曲林、温性针叶林、针叶阔叶过渡林、常绿阔叶林 5 个植被带，对后续生态环境保护相关研究打下了良好的基础，有着较高的研究价值。去除受噪声和水汽吸收较为显著的波段后分别包含 32（CASI）、72（CASI）和 100（SASI）个波段。6 幅机载高光谱图像立方体数据及其不同地物类别的光谱特征曲线（DN Value）如图 9.1~图 9.6 所示，测试图像属性如表 9.1 所示。

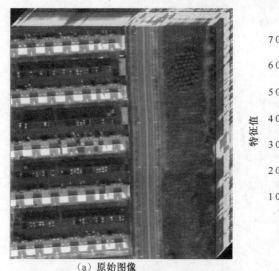

（a）原始图像

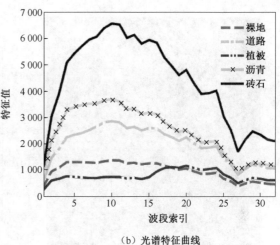

（b）光谱特征曲线

图 9.1　测试图像 I1（32 波段）

（a）原始图像

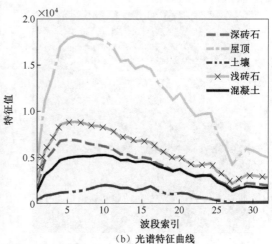

（b）光谱特征曲线

图 9.2　测试图像 I2（32 波段）

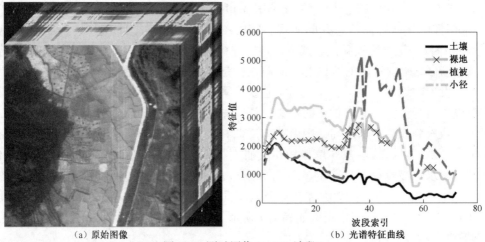

(a) 原始图像 　　　　　　　　　　　　　　　（b）光谱特征曲线

图 9.3　测试图像 I3（72 波段）

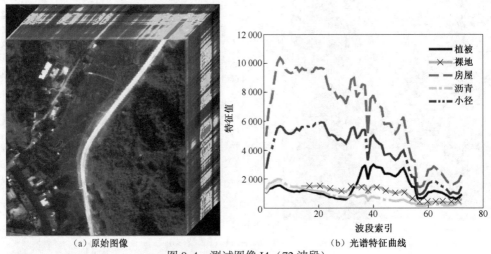

(a) 原始图像 　　　　　　　　　　　　　　　（b）光谱特征曲线

图 9.4　测试图像 I4（72 波段）

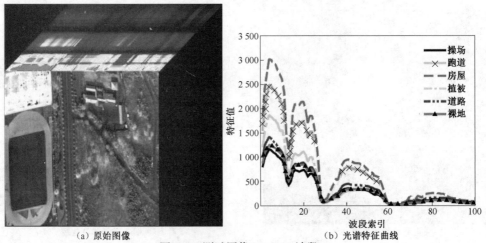

(a) 原始图像 　　　　　　　　　　　　　　　（b）光谱特征曲线

图 9.5　测试图像 I5（100 波段）

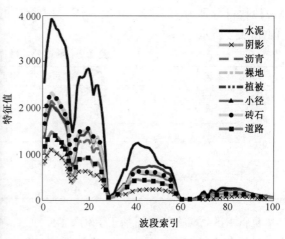

（a）原始图像　　　　　　　　　　（b）光谱特征曲线

图 9.6　测试图像 I6（100 波段）

表 9.1　测试图像属性

图像	图像尺寸/像素×像素	样本数目/个	波段数目/个	类别数目/个
I1	360×400	533	32	5
I2	450×380	742	32	5
I3	300×300	401	72	4
I4	367×386	506	72	5
I5	242×229	448	100	6
I6	232×270	600	100	8

由图 9.1~图 9.6 可知，高光谱数据可以看作一个基于不同波段截面的图像立方体，其空间图像描述地物的二维空间特征，其光谱维显示了每一个像元连续变化的光谱特征信息，实现了图像与光谱维的有机结合。光谱空间的特征值由图像中的像元按照每个同队对应的波长展开，成为一条近似连续的光谱特征曲线。像元的亮度值代表不同地物在某一邻域内的平均辐射值，随着地物的成分、纹理、状态等因素及波长范围的不同而变化，形成图像的光谱特性也不尽相同。不同地物间以及同一地物在不同波段上的特征值构成了地物的光谱特征信息，依据不同地物特征值的差异性，对其所属类别进行区分，完成图像解译工作。

9.2.3　实验结果与分析

1. 公共数据集实验

本质上，波段选择作为一个典型的特征选择问题，每个波长反映的光谱特征值分别代表了一维特征信息。为了验证本章提出 IGSA 算法的有效性，首先采用加州大学欧文分校（University of California Irvine，UCI）提供的机器学习分类数据库中名为 Steel、Dermatology（简写为 Der）、Spambase（简写为 Spam）、Handwritten（简写为 Hand）、Image、Musk 这 6 个高维小样本公共数据集进行特征选择实验（高光谱图像数据维度较高，后续使用的高光谱图像数据集波段数目分别为 32、72、100，且图像中标记的训练样本数量较少），测试公共数据集的属性如表 9.2 所示。

表 9.2　测试公共数据集的属性　　　　　　　　　（单位：个）

数据集	样本数目	特征数目	类别数目
Steel	1 941	33	2
Der	366	34	6
Spam	2 300	57	2
Hand	1 797	64	9
Image	684	108	4
Musk	476	166	2

本章将 IGSA 算法分别同基于 PSO、DE、CS、标准 GSA 算法优化的特征选择方法进行了对比，采用分类精度作为目标函数进行适应度值评价。所有算法采用二进制编码形式，每种算法均进行 30 轮迭代，种群规模均为 20。所有算法具体参数设置为：PSO 算法中，学习因子 $c_1 = c_2 = 2.0$，最大速度 $v_{max} = 30$。DE 算法中，取变异因子 $f_m = 0.6$，交叉概率 $C_R = 0.9$。CS 算法中，搜索概率 $P_a = 0.25$。标准 GSA 算法中，取 $G_0 = 100$，$\alpha = 20$，IGSA 算法的参数设置同标准 GSA 算法。由于上述算法均服从随机搜索机制，每轮迭代过程中，均采用随机取样的形式确定测试集样本和训练集样本，使得每个样本均有一定的可能性承担不同的功能，增加样本分布的随机性。每种算法独立运行 40 次，每次独立实验采用 50%/50% 的比例建立训练集样本/测试集样本。由于不同独立实验的分类结果互相不受干扰，在一定程度上避免了实验过程中可能存在的偶然性。不同算法 40 次独立运行获得的平均适应度值（分类精度）及运行时间如表 9.3 和表 9.4 所示。

表 9.3　采用不同算法的平均分类精度　　　　　　（单位:%）

数据集	PSO	DE	CS	标准 GSA	IGSA
Steel	98. 170 1	98. 935 0	99. 773 2	99. 845 4	100
Der	90. 765 0	92. 169 7	92. 967 1	93. 655 2	94. 106 9
Spam	85. 017 4	86. 539 1	87. 584 6	88. 169 3	89. 008 6
Hand	91. 420 7	91. 856 3	92. 165 9	92. 397 5	92. 743 8
Image	73. 903 5	74. 868 4	75. 321 6	76. 257 3	76. 915 2
Musk	63. 645 0	65. 126 1	66. 113 4	66. 828 6	68. 067 2

表 9.4　采用不同算法的运行时间　　　　　　　　（单位：s）

数据集	PSO	DE	CS	标准 GSA	IGSA
Steel	19. 945 9	18. 872 8	19. 113 9	17. 809 2	18. 135 0
Der	1. 599 5	1. 515 1	1. 558 7	1. 410 7	1. 464 9
Spam	80. 945 1	75. 432 5	77. 270 0	73. 457 5	74. 099 7
Hand	55. 952 7	52. 471 5	53. 151 1	51. 098 7	51. 478 1
Image	8. 100 6	7. 587 7	7. 829 5	7. 182 8	7. 310 7
Musk	7. 377 8	7. 002 6	7. 206 8	6. 713 1	6. 788 3

由表 9.3 中数据可知，采用粒子群优化算法、差分进化算法、杜鹃搜索算法、标准 GSA 算法和 IGSA 算法对维度低于 100 维的公共数据集进行特征选择，均能获得较高的分类精度。所有算法对于 Steel、Der、Spam、Hand 数据集的平均分类精度均达到 85% 以上。随着数据维度的不断升高，平均分类精度存在一定程度的下降。然而，标准 GSA 算法的平均分类精度明显优于粒子群优化算法、差分进化算法和杜鹃搜索算法，对于 Spam 和 Musk 数据集，其平均分类精度均高出 3.5% 以上。对于 IGSA 算法而言，其分类精度较标准 GSA 算法有明显的提高，特别到了算法运行后期，其优化趋势更为明显，使得算法的进化过程较好地避免了陷入局部最优的情况。此外，如表 9.4 中数据所示，标准 GSA 算法的运行效率明显优于其他算法；对算法进行改进后，运行时间虽然有一定程度的增加，但是对于所有数据集其增加的时间均不足 0.65s，通过混沌映射和列维飞行策略分别对种群中质量较优与质量较差的粒子进行局部扰动后，分类精度得到进一步提升，对于 Steel 数据集，其平均分类精度可以达到 100%，即每次独立实验均可对所有样本进行准确区分。综上所述，采用 IGSA 算法可以得到更高的分类精度，稳定快速收敛于最优值，是一种性能优良的进化算法。

2. 图像数据集实验

为了验证本章波段选择方法的有效性，采用本小节所述 I1~I6 共 6 个高光谱图像数据集进行实验，选取最优波段子集。将 IGSA 分别同基于 PSO、DE、CS、标准 GSA 算法优化的波段选择方法进行了对比，将分类精度与所选择波段的数目进行结合，作为算法的目标函数进行适应度值评价。不同算法种群规模、迭代次数、相关参数设置与 9.2.2 小节完全相同。由于上述算法均服从随机搜索机制，每轮迭代过程中，均采用随机取样的形式确定测试集样本和训练集样本，使得每个样本均有一定的可能性承担不同的功能，增加样本分布的随机性。每种算法独立运行 40 次，每次独立实验采用 50%/50% 的比例建立训练集样本/测试集样本。不同算法 40 次独立运行获得的平均适应度值、平均分类精度、所选择的波段数目及算法的运行时间如表 9.5~表 9.8 所示。

表 9.5　采用不同算法的平均适应度值

数据集	PSO	DE	CS	标准 GSA	IGSA
I1	0.872 2	0.900 9	0.911 7	0.927 1	0.937 9
I2	0.695 3	0.711 9	0.734 2	0.773 8	0.807 4
I3	0.752 8	0.765 4	0.770 8	0.791 2	0.814 1
I4	0.582 7	0.599 3	0.608 7	0.617 6	0.629 7
I5	0.627 2	0.652 1	0.673 5	0.693 0	0.717 5
I6	0.518 9	0.544 3	0.554 7	0.577 2	0.604 2

表 9.6　采用不同算法的平均分类精度　　　　　　　　　　（单位:%）

数据集	PSO	DE	CS	标准 GSA	IGSA
I1	96.278 2	97.507 5	98.082 7	98.439 8	98.703 0
I2	75.394 6	77.021 6	78.935 3	82.196 8	85.563 3
I3	89.525 0	90.950 0	91.550 0	93.400 0	95.050 0
I4	72.648 2	73.616 6	74.628 5	75.889 3	77.059 3
I5	87.455 4	88.883 9	90.325 9	91.444 6	92.703 6
I6	72.516 7	73.683 3	74.183 3	75.333 3	76.416 7

表 9.7 采用不同算法所选择的波段数目 （单位：个）

数据集	PSO	DE	CS	标准 GSA	IGSA
I1	10. 40	7. 80	7. 10	5. 80	5. 05
I2	10. 75	8. 20	7. 50	6. 25	5. 40
I3	25. 95	22. 80	21. 40	18. 10	16. 05
I4	26. 90	24. 85	23. 40	20. 60	17. 30
I5	39. 45	36. 45	34. 95	32. 85	28. 00
I6	38. 80	35. 40	33. 60	31. 65	26. 70

表 9.8 采用不同算法的运行时间 （单位：s）

数据集	PSO	DE	CS	标准 GSA	IGSA
I1	2. 554 8	2. 393 9	2. 476 6	2. 232 7	2. 290 5
I2	4. 092 5	3. 847 0	3. 966 3	3. 628 9	3. 713 2
I3	2. 259 6	2. 186 1	2. 220 8	2. 098 4	2. 124 2
I4	4. 463 0	4. 131 1	4. 293 7	3. 879 2	3. 995 6
I5	5. 124 9	4. 737 3	4. 862 6	4. 456 1	4. 584 9
I6	8. 577 7	7. 982 3	8. 194 3	7. 571 6	7. 703 2

由表 9.5 和表 9.6 中数据可知，IGSA 算法拥有较好的优化能力，与粒子群优化算法相比其适应度值高出 0.4 以上；特别对于 I2 数据集，其适应度值高出 0.1 以上。在分类精度方面，采用 IGSA 算法对于 6 个数据集可以获得最高的分类精度，特别对于 I1 和 I3 数据集分类精度达到 95% 以上。依据表 9.7 中数据，基于差分进化算法进行波段选择可有效降低数据维度，去除对分类贡献相对较小的冗余特征，特别采用 IGSA 算法，仅仅使用 5 个波段，I1 数据集的分类精度达到 98% 以上。所有数据集的维度均降低了 70% 以上，即仅仅采用原始数据集不到 30% 的波段特征，获取了较高的分类精度。此外，如表 9.8 中数据所示，标准 GSA 算法的运行效率明显优于其他 3 种算法；特别对于 I6 数据集，算法运行时间与粒子群优化算法相比缩短了 1 s 以上；通过对算法进行改进后，算法的运行时间有所增加，每次独立运行增加的时间不到 0.2 s，而算法的优化性能得到了较为明显的提升。总体而言，采用 IGSA 算法对数据集进行波段选择可以得到较高的适应度值，在降低数据维数的同时提高了分类精度。然而，对于 I4 和 I6 数据集，其分类精度均不到 80%，在实际图像分类过程中难以达到实际应用的需求。因此，如何设计性能更为鲁棒的分类器模型，还有待后续进一步的研究。

3. 实测图像实验

为了进一步验证波段选择的有效性，分别同现有 mRMR 准则、Relief 算法、新近提出的 OI 准则（结合 K-L 散度和最佳指数因子，通过权重系数调整不同方法占用比例）等波段选择方法对 6 幅高光谱图像进行基于像素级的分类实验。其中，OI 准则和 mRMR 准则作为一种基于特征空间搜索的波段选择方法，拥有较高的精度，然而搜索过程时间复杂度较高。Relief 算法通过计算样本间特征值表征的距离对每个特征赋予权重，该方法对于区分度较小的地物类别，精度相对较低。由于采用 OI 准则和 mRMR 准则进行波段选择时需要人为确定所选择的波段数目，为了保证对比的公平性，所选择的波段数目与本章方法选择的最优波段数目相同。最终的分类示意图如图 9.7 ~ 图 9.12 所示，不同波段采用不同方法的整体分类精度如表 9.9 所示。

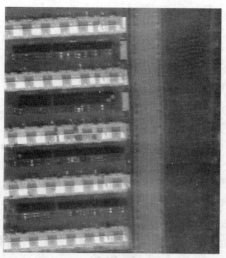

（a）原始图像

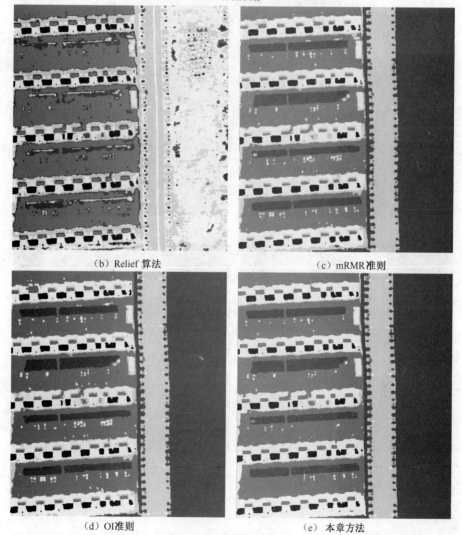

（b）Relief 算法　　　　　　　　　　　　　　（c）mRMR 准则

（d）OI准则　　　　　　　　　　　　　　　（e）本章方法

图 9.7　I1 图像分类结果

（a）原始图像

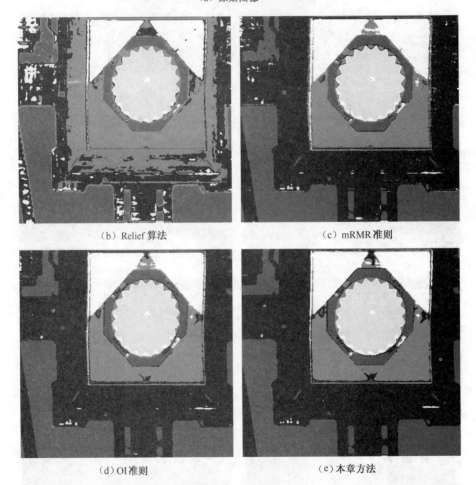

（b）Relief算法 　　　　　　　　　　　　（c）mRMR准则

（d）OI准则 　　　　　　　　　　　　（e）本章方法

图9.8　I2图像分类结果

（a）原始图像

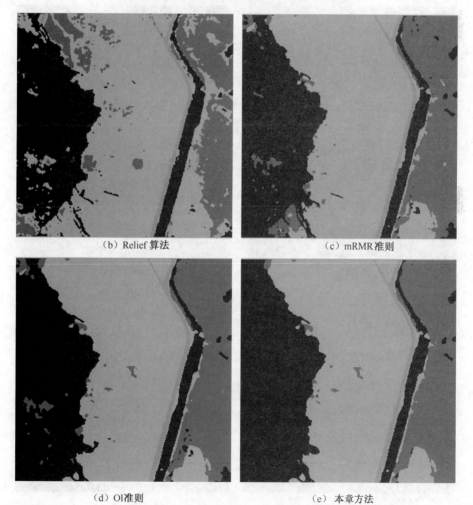

（b）Relief 算法　　　　　　　　　　　　（c）mRMR 准则

（d）OI准则　　　　　　　　　　　　（e）本章方法

图 9.9　I3 图像分类结果

（a）原始图像

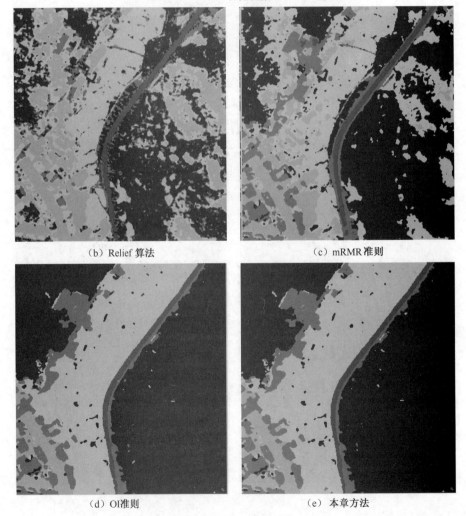

（b）Relief 算法　　　　　　　　　　　（c）mRMR 准则

（d）OI准则　　　　　　　　　　　　　（e）本章方法

图 9.10　I4 图像分类结果

（a）原始图像

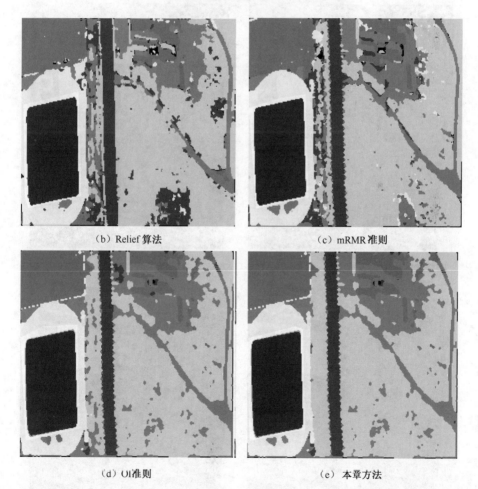

（b）Relief 算法

（c）mRMR 准则

（d）OI 准则

（e）本章方法

图 9.11 I5 图像分类结果

（a）原始图像

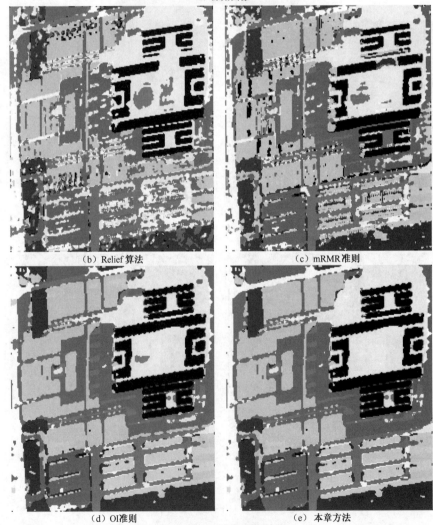

（b）Relief 算法　　　　　　　　　　（c）mRMR 准则

（d）OI准则　　　　　　　　　　（e）本章方法

图 9.12　I6 图像分类结果

表 9.9　不同波段采用不同方法的整体分类精度　　　　（单位:%）

图像	Relief 算法	mRMR 准则	OI 准则	本章方法
I1	70. 478 5	90. 471 0	90. 902 8	93. 273 6
I2	73. 553 2	92. 454 4	94. 108 2	95. 421 1
I3	82. 405 6	91. 785 6	92. 800 0	94. 670 0
I4	54. 826 3	66. 064 3	85. 430 5	85. 430 5
I5	74. 095 1	79. 098 2	84. 803 6	86. 167 5
I6	59. 511 5	66. 404 8	73. 970 0	78. 761 2

　　由图 9.7~图 9.12 中分类示意图及表 9.9 中数据可知,采用 Relief 算法和 mRMR 准则进行波段选择,最终的分类结果难以达到实际应用的需求。虽然采用 OI 准则进行波段选择,可以对不同地物进行较好的区分,但是该方法在波段选择过程中依据穷举法在解空间中不断搜索,直至搜索出最优波段子集,随着图像波段数目的增加,算法的计算时间也会随着剧增。采用本章方法进行波段选择,算法的运行效率较好地满足了分类过程中实时性的需求。然而,随着图像类别数目的增加,分类图像中出现了较多的噪声点,分类结果连续性较差;特别地,在 I6 图像上,分类精度不到 80%,对于道路及植被两类地物存在明显的误分现象,分类噪声使得最终的分类结果无法完全反映原始图像的地物分布情况,还有待后续进一步的改进。

　　为了对高光谱图像数据进行"降维",去除相关性较大的冗余波段,本章提出了一种基于 IGSA 算法优化的波段选择方法。基于同一个目标函数,分别与粒子群优化算法、差分进化算法、杜鹃搜索算法等常用进化算法进行对比,证明了 IGSA 算法良好的优化性能。此外,通过与 Relief 算法、mRMR 准则、OI 准则等常用波段选择方法进行比较,实验表明本章波段选择方法可有效降低原始图像的冗余波段信息,所有数据集的维度均降低了 70% 以上,是一种计算性能高效的高光谱图像波段选择方法。

第 *10* 章

基于混合智能优化算法的图像特征抽取方法

10.1 概　述

图像特征是图像分析的重要依据，无论对图像进行分类或者分割，首先必须选择有效的特征，因此特征提取和选择是图像识别领域的一个核心问题。按照不同的测度来分，图像特征又可分为很多种，如亮度特征、颜色特征、光谱特征、纹理特征等，其中图像局部区域的纹理特征是区分不同客体最重要的依据之一。它是图像中一个重要而难以描述的特性，至今还没有公认的定义。有些图像在局部区域内呈现不规则性，而在整体上表现出规律性。习惯上，把这种局部不规则而宏观有规律的特性称为纹理，以纹理特性为主的图像称为纹理图像。纹理分类是计算机视觉和模式识别领域的一个重要的基本问题，也是图像分割、物体识别、场景理解等其他视觉任务的基础。

一般来说，每种类型的地物在图像上都具有相同或者相近的纹理图案，因此，可以利用图像的这一特征识别或者提取地物。特别是对于航空图像而言，其中物体和地貌的区别，往往不在于灰度值的大小，而在于它们的纹理差别。例如，森林比灌木林有更为粗糙的纹理，湿地和沼泽比森林和灌木林有更细微的纹理，沼泽与湿地相比，其纹理更细，色调变化更缓慢。总的来说，纹理反映了地物和空间的分布状况，代表着物体表面的特征，是人类目视和计算机自动识别与处理图像的重要特征之一。与其他图像特征相比，纹理反映了图像灰度模式的空间分布、包含图像的表面信息及与周围环境的关系，更好地兼顾了图像微观和宏观结构，因而已经成为图像分析中一个非常重要的特征，要想实现图像的自动解译，提高图像解译的可靠性，就需要用到纹理信息。为此，本章以纹理特征的提取为中心，讨论如何把混合算法和纹理特征的描述与提取结合起来，实现图像纹理稳健特征的提取。

10.2 图像纹理特征概述

以上对纹理的描述都是定性的、直观的，为了便于计算机处理，就需要研究纹理本身具有的特征，定量地描述纹理。多年来，研究者建立了许多纹理算法以测量纹理特性，这些方法大体上可以分为两大类：统计分析法和结构分析法。前者从图像有关属性的统计分析出发，后者则着力找出纹理基元，然后从结构组成上探求纹理规律。航空图像中的各种地貌和地物大多呈现不规则的、随机分布的纹理型，如平原、丘陵、高山具有不同形状和高度特征，反映在图像上就是不同的纹理。由于航空图像上的纹理绝大部分属于随机性纹理，服从统计分布，因此主要使用统计分析法来提取纹理特征，其中具有代表性的方法有共生矩阵法、灰度游程法、图像自相关函数分析法、纹理模型方法、纹理能量法等，典型的特征有以下几个。

1. 直方图特征

根据样本的直方图，最容易提取的纹理特征即是特定区域灰度的算术平均值及标准差等。因为通过一维直方图无法获得基于二维灰度的纹理变化趋势。故在常用的二维灰度变化图案分析过程中，首先将图像采用微分算子进行处理得到其边缘，然后对该边缘区域大小和方向的直方图进行统计，并将其与灰度直方图进行结合，作为纹理特征。

2. 灰度共生矩阵特征

对于样本的灰度直方图而言，不同像素的灰度处理均是独立完成的，故难以对纹理赋予相应的特征。然而，若能对图像中两个不同像素组合时的灰度分配情况进行研究，就能轻松地给纹理赋予相应的特征。灰度共生矩阵即是一种根据灰度空间的相关性质来表示纹理的一般处理方法，该矩阵对图像上保持某种距离关系的两个不同像素，根据相应的灰度值状况进行分析，并通过统计分析法，将其作为纹理特征。

3. 小波特征

小波变换即是通过时间和尺度的局部变换，有效获取各频率成分特征的信号分析手段。在图像处理的过程中，由于小波变换可以把原始图像的所有能量集中在一小部分小波系数之上，在一般情况下，粗纹理空间能量往往聚集在低频部分，细纹理空间能量则聚集在高频部分，且经过小波分解后，小波系数在 3 个方向的细节分量均有着极高的相关性，这一点为图像的纹理特征提取提供了有利的条件。

由于直方图特征和灰度共生矩阵特征需要对每个像素点逐一进行统计，当一幅图像像素点较多时，整个统计过程需要消耗大量的时间。相比而言，小波特征的提取速度相对较快，但是难以找到一种单一的小波核函数，可以很好地适应所有类型的纹理特征。一般情况下，对于不同类型的纹理，往往需要采用不同的小波核函数，有时甚至需要将几种不同的小波核函数联合使用。另外，对于任何一个小波核函数而言，核函数参数难以通过人工直接进行选择，一个不合适的核函数参数将会大大影响纹理特征提取的准确性。在各类纹理算法中，基于算子的特征计算较为简单，但大多数方法抗噪声能力差；基于统计方法的特征计算量大，同样受到噪声的影响；分形维方法主要测度是分维值，因而常常需要对较大窗口的图像进行分维值估计，不适用于小面积的某一类纹理的分维估计，因此使用范围较小，只在个别分辨率下有区分纹理的能力。基于随机场的模型对大尺寸、灰度级较多的图像分割计算量极大，如马尔可夫随机场需要对不同的纹理参数进行大量的计算，求出不同的纹理模型参数集（特征值）；此外，对分布不均匀、局部具有确定性的纹理也不是很适用；若是针对 256 级灰度图像，共生矩阵方法计算量非常巨大，且对较大纹理元的描述也不够准确；多分辨率小波的纹理特征具有先天的缺点（逐点采样造成的纹理信息不全），很难得到稳定的纹理特征，并且计算量较大，结构方法仅适合于规则纹理。

总的来说，虽然能够描述纹理的方法有很多，不同的纹理描述方法具有不同的特点和适用范围，但是存在以下一些共同问题。

(1) 大多数方法只适用于特定的纹理图像，尚不能够适合多种纹理图像的描述。例如，统计法适用于随机分布的小纹理，结构分析法适用于规则分布的宏纹理。

(2) 描述纹理最主要的两个特征是粗糙性和方向性，粗糙性主要体现在纹理的分辨率上。大多数方法对纹理的描述随分辨率和方向变化而变得不同，仅表达了某一尺度和方向上的纹理。由于纹理与图像分辨率、方向具有密切的关系：不同的分辨率对应不同粗细程度的纹理。不同的方向对应着纹理的不同走向，对纹理的理想描述应该能表现各分辨率和方向的纹理信息。

(3) 对噪声敏感，降低了对纹理分析的稳定度和可能度。因此，自适应纹理特征提取方法还有待进一步研究。J. You 等学者提出了一种基于能量的、适用范围较广的纹理描述方法，该方法能够表达各分辨率下的纹理信息，不随旋转而变，对噪声敏感性小，既能适用于随机纹理，也能适用于规则纹理。本章将在下一节讨论具有方向和尺度不变的图像纹理特征描述方法，然后利用混合智能优化算法寻求一组能够提取图像稳健纹理特征的模板。

10.3　基于"Tuned"模板图像纹理特征提取模型

根据单个像素及其邻域的灰度分布或某种属性去做纹理测量的方法称为一阶统计分析法。根据一对像素灰度组合分布做纹理测量的方法称为二阶统计分析法。显然，一阶统计分析法比二阶统计分析法简单。最近的一些实验表明，用一阶统计分析法做分类，其正确率优于二阶统计分析方法（如共生矩阵法）。因而研究简单而有效的一阶纹理分析法，一直是人们感兴趣的课题之一。

利用模板计算数字图像中每个像元 (i, j) 的纹理能量，用它作为空间域中纹理特征的度量进行图像纹理分类，这种做法已经有 20 多年的历史，其中著名的有 Laws 模板。它是一种典型的一阶统计分析法，在纹理分析领域具有一定的影响。Laws 纹理能量测量法的基本思想是设置两个窗口：一是微窗口，可以为 3×3、5×5 或 7×7，常取 5×5，用来测量以像元为中心的小区域内灰度的不规则性，以形成属性，称为微窗口滤波；二是宏窗口，可以为 15×15 或 32×32，用来在更大的窗口上求属性量的一些统计属性，常为均值或者标准差，称为能量变换。整个纹理分析系统，要将 12 个或 15 个属性获得的能量进行组合。图 10.1 所示为纹理能量测量的流程。

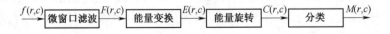

图 10.1　纹理能量测量的流程

Laws 深入地研究了滤波模板的选择。首先，他定义了一维滤波模板，然后通过卷积形成多种一维、二维滤波模板，以检测和度量存在于纹理中的不同结构的信息。选定 3 组一维滤波模板作为基础，然后通过矢量互积的方式构成更大的矢量集。使用这些滤波模板与图像卷积，可以检测出不同的纹理能量信息，Laws 一般选用 12~15 个 5×5 的纹理能量模板做测量，其中 4 个有最强的性能，如图 10.2 所示。

$$
\begin{bmatrix}
-1 & -4 & -6 & -4 & -1 \\
2 & -8 & -12 & -8 & -2 \\
0 & 0 & 0 & 0 & 0 \\
2 & 8 & 12 & 8 & 2 \\
1 & 4 & 6 & 4 & 1
\end{bmatrix}
\quad
\begin{bmatrix}
1 & 4 & 6 & 4 & 1 \\
-4 & 16 & -24 & 16 & -4 \\
6 & -24 & 36 & -24 & 6 \\
-4 & 16 & -24 & 16 & -4 \\
1 & -4 & 6 & -4 & 1
\end{bmatrix}
$$

S3L3 　　　　　　　　　　　　　R4R5

$$
\begin{bmatrix}
-1 & 0 & 2 & 0 & -1 \\
-2 & 0 & 4 & 0 & -2 \\
0 & 0 & 0 & 0 & 0 \\
2 & 0 & -4 & 0 & 2 \\
1 & 0 & -2 & 0 & 1
\end{bmatrix}
\quad
\begin{bmatrix}
-1 & 0 & 2 & 0 & -1 \\
-4 & 0 & 8 & 0 & -4 \\
-6 & 0 & 12 & 0 & -6 \\
-4 & 0 & 8 & 0 & -4 \\
-1 & 0 & 2 & 0 & -1
\end{bmatrix}
$$

E5S5 　　　　　　　　　　　　　L5S5

图 10.2　Laws 的 4 个性能最强的纹理能量模板

它们可以分别滤出水平边缘、高频点、V 形状和垂直边缘的属性。Laws 将 Brodatz 的 8 种纹理图像合成在一起，并对合成的图像做纹理能量变换，将每个像元指定为 8 个可能类中的一个，正确识别率可达 87%。M. Pietikainen 等通过实验表明，基于 3×3 或 5×5 模板的纹理能量法，其识别率强于共生矩阵法。实际上，用更一般、简洁的属性测量替换这里的模板，可以获得更好的或类似的结果。进一步，滤波器的功能取决于自身的模板形式，而不是具体的值。模板匹配的最大响应包含纹理描述的主要信息，因此纹理能量法的关键是模板的设计，以及模板元素间相对比例关系的确定，不同的模板可提取不同的纹理特征。Laws 所提出的 4 个性能最强的模板虽然对一些纹理图像的识别率较高，但与其他纹理提取方法一样，在实际应用中存在许多局限性。

（1）Laws 模板是理想模板，自然景观图像（特别是航空图像）上纹理的变化，一般不能用有固定元素的单个模板把那些纹理很好地区分开来。

（2）一种模板只能对一种纹理特征有强烈的响应，而对其他的纹理特征响应不敏感。

（3）即使是对某一特定特征的检测，模板对取样图像的响应随图像的不同（方向、尺度的变化），特征检测的效果也会产生变化。因为，不同的纹理对应着相应的模板，一幅图像中有哪些纹理特征事先是无法知道的。在图像纹理特征检测中，究竟应使用哪种模板，事先无法作出选择。

由于 Laws 模板是一种理想模板，采用固定元素的单个模板不能将各种图像纹理很好地区分开来，一种模板只能对一种纹理特征产生强烈的响应等原因，使这种模板的应用受到限制。为了克服这个缺陷，J. You 等在 1993 年提出具有自适应性的 "Tuned" 模板，他们认为只要是同一种纹理，无论其尺度和方向性如何，它们都会存在一种共同的本质特征，而这种本质特征可以通过一种 "Tuned" 模板获得，即 "Tuned" 模板具有获得与尺度和方向无关的纹理特征的能力，而这种纹理特征可以用纹理能量来表达。"Tuned" 模板在提取纹理特征过程中，针对不同的纹理，模板的元素不断地进行调整，从而得到能将纹理图像很好区分的最优模板。用这样的模板求得的纹理能量特征，具有良好的方向和尺度不变性，因此在图像分析和解译中得到广泛应用。

图像纹理的能量特征是由"Tuned"模板与源图像做卷积运算，得到源图像的卷积图像，再用卷积图像计算出每个像元能量实现的。为了求得最优模板，需要在优化过程中求出模板元素变化的梯度信息，利用梯度信息指导模板的优化。

假定模板的大小为 $(2a+1) \times (2a+1)$，a 为常数，图像大小为 $N \times N$，用模板 $A(i, j)$ 与源图像 $I(i, j)$ 作卷积，则卷积图像 $F(i, j)$ 为

$$F(i, j) = A(i, j) * I(i, j) = \sum_{k=-a}^{k=a} \sum_{l=-a}^{l=a} A(i, j)I(i+k, j+l), \quad i, j = 0, 1, \cdots, N-1$$

$$(10.1)$$

其中，$*$ 表示卷积运算符号。通常模板大小为 5×5，要求模板 A 的每一行元素对称，且每一行元素的代数和为零，卷积图像 F 也具有总体均值为零的性质。

在卷积图像上选择较大的窗口 $w_x \times w_y$（假定 $w_x = w_y = 9$），那么在图像上像元 (i, j) 的能量 $E(i, j)$ 由下式计算：

$$E(i, j) = \frac{\sum_{w_x} \sum_{w_y} F(m, n)^2}{P^2 \times w_x \times w_y}$$

$$(10.2)$$

其中

$$P^2 = \sum_{i, j} A(i, j)^2$$

$$(10.3)$$

对于 $N \times N$ 的图像，可以求得很多 $E(i, j)$，用 $E(i, j)$ 累加取均值代表整幅图像的能量，从式（10.2）可知，能量 $E(i, j)$ 求得的关键是卷积模板。

为了得到这种"Tuned"模板，J. You 等提出了一系列的判据和搜索优化策略。其基本思想是以纹理样本集作为学习对象，先随机地产生一定数量的模板，然后根据"Tuned"判据将"最好的"模板保留下来，并按梯度对"最好的"模板中的参数进行修正，将修正后的"最好的"模板与新产生的另两个随机模板一起进行新一轮的比较判别，以产生新一代的"最好的"模板直到满足收敛判据为止。J. You 等利用"Tuned"思想，得到了一个大小为 5×5 的模板，并用它对 15 种 Brodatz 纹理图像进行了纹理能量测量的实验，其结果表明：对于不同尺度和方向的同一种纹理图像，由"Tuned"模板求得的纹理能量误差不超过 10%，可见"Tuned"模板具有很强的提取与方向和尺度无关特性的能力。此外，该方法还将 Laws 能量模板由 4 个减少为 1 个，大大减少了计算量，与其他具有方向和尺度无关性的特征相比，该方法具有计算简单和速度快等优点，更适合于大规模和实时图像处理的要求。

"Tuned"模板生成的过程本质上是模板元素组合优化的寻优过程，由于 J. You 等采用的是传统的"爬山"策略进行"Tuned"模板搜索，因而容易陷入局部最优值。另外，这种方法的随机性较大，一次计算很难获得最佳的结果。为此，本书提出利用混合算法进行"Tuned"模板的优化，利用混合算法的全局并行，自适应寻优的搜索特性来得到最优的或令人满意的"Tuned"模板。

10.4 基于混合智能优化算法的"Tuned"模板的优化方法

10.4.1 基于混合算法的"Tuned"模板的优化算法模型

本章中, 首先通过混合算法生成最优"Tuned"模板, 具体步骤如下。

1. 分析问题

最优"Tuned"模板问题是一个参数组合优化问题, 这里采用二进制编码方法对解进行编码。武汉大学郑肇葆教授指出对称模板和非对称模板分类的效果差不多, 没有明显差别, 建议使用对称模板, 因此采用左右对称模板, 且每行元素的代数和为 0。对 5×5 模板而言, 真正独立的元素只有 10 个, 为了计算方便, 可以对模板元素取值的上下限给出限制, 譬如 [−50, 50] 的整数或实数均可。

这里每一个模板元素的二进制编码长度为 7 bit, 其中 6 位表示模板元素的数值, 剩下 1 位表示该数的正负, 因此每个模板元素范围为−50~50。考虑到模板的对称性和总和为 0 的性质, 模板中只有部分元素编入代码中, 因此, 真正独立的元素只有 10 个, 最优模板训练可以视为一个十维的函数优化问题, 模板定义公式如下:

$$\text{mask} = \begin{bmatrix} x_1^i & x_2^i & -2(x_1^i + x_2^i) & x_2^i & x_1^i \\ x_3^i & x_4^i & -2(x_3^i + x_4^i) & x_4^i & x_3^i \\ x_5^i & x_6^i & -2(x_5^i + x_6^i) & x_6^i & x_5^i \\ x_7^i & x_8^i & -2(x_7^i + x_8^i) & x_8^i & x_7^i \\ x_9^i & x_{10}^i & -2(x_9^i + x_{10}^i) & x_{10}^i & x_9^i \end{bmatrix}, \ x_j^i \in [-50, 50]; \ i, j = 1, 2, \cdots, 5$$

2. 确定问题解的编码

"Tuned"模板质量是由用这个模板进行图像纹理分类的效果决定的。为了评价混合算法的优化能力, 需要选择一个合适的目标函数。由于砖块图像的识别可以看作一个二元分类问题, 因此将砖块区域视为一个类别, 将其他纹理区域视为另一个类别。费雪准则对二分类问题具有较好的分类性能, 它试图最大化类间的差异, 最小化类内的差异, 并能从另一个类别中准确识别目标类别。因此, 本章将费雪准则中的目标函数定义如下:

$$\text{fit} = \frac{(\mu_1 - \mu_2)^2}{\sigma_1^2 - \sigma_2^2} \tag{10.4}$$

其中, μ_1 和 σ_1^2 分别为第一类图像特征值的均值和方差; μ_2 和 σ_2^2 分别为第二类图像特征值的均值和方差, 适应度函数值越大, 说明"Tuned"模板的质量越好。

3. 优化过程

本章使用的是粒子群优化算法和差分进化算法的并行混合算法, 并行混合算法流程如图 10.3 所示。

10.4.2 实验与分析

实验环境和参数配置如下。

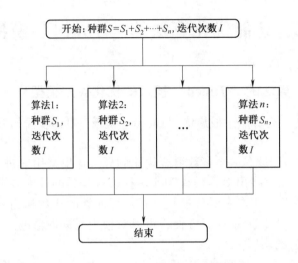

图 10.3 并行混合算法流程

（1）操作系统：Windows 10。

（2）处理器：Intel 2.9 GHz，8 GB 内存。

（3）算法编写：Matlab 2016b。

实验中的各种算法的参数设置如表 10.1 所示。

表 10.1 各种算法的参数设置

算法	参 数	值
粒子群优化算法（PSO）	学习因子 $c_1 = c_2$	1.5
	惯性指数 ω_{max}	0.8
	惯性指数 ω_{min}	0.4
差分进化算法（DE）	缩放比例因子 F	0.4
	交叉概率 C_R	0.1

为了评价提出的识别方法的性能，本小节分别使用了来自公共纹理数据库的两幅纹理图像：一幅是砖块图像，另一幅是大理石图像，并从每幅图像分割出 20 张 80 × 80 的小图片，其中 10 张作为寻找最优模板的训练数据集，如图 10.4 和图 10.5 所示，另外 10 张作为测试数据集，混合算法迭代次数 $G = 50$。

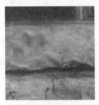
Brick1.jpg

Brick2.jpg

Brick3.jpg

Brick4.jpg

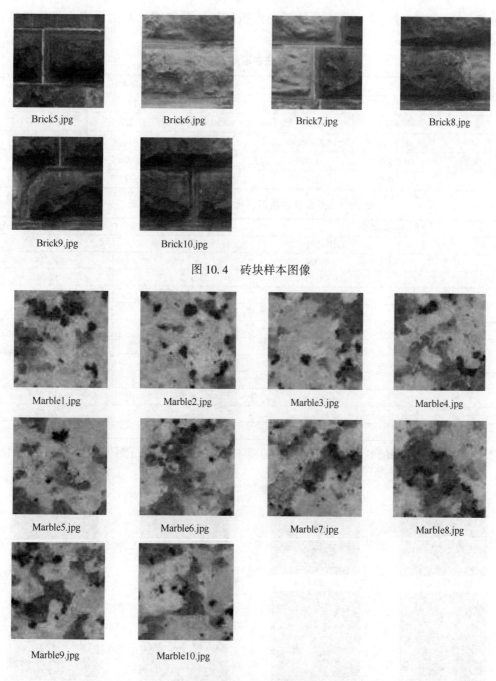

图 10.4　砖块样本图像

图 10.5　大理石样本图像

表 10.2 是本章方法所求得的"Tuned"模板，表 10.3 列出了采用表 10.2 模板所求得的每组地物中各图像的纹理能量以及测试图像的能量。

从表 10.3 中样本图像和测试图像两类纹理能量值来看，不同类的图像大多纹理能量差异比较明显，如砖块类能量最大值为 9 955.7，而大理石类能量最小值也有 12 538，它们之间的

能量值相差 2 500 左右，可以将两类纹理图像很好地区分开来，两组样本能量的均值比为
1：2.463 8。

表 10.2 混合算法求取的"Tuned"模板

模板	列 1	列 2	列 3	列 4	列 5
行 1	−3.279 3	2.573 5	1.411 7	2.573 5	−3.279 3
行 2	−0.677 2	−0.267 8	1.890 1	−0.267 8	−0.677 2
行 3	−1.541 0	2.516 9	−1.951 7	2.516 9	−1.541 0
行 4	0.350 6	−0.006 1	−0.688 9	−0.006 1	0.350 6
行 5	2.210 1	−0.375 3	−3.669 5	−0.375 3	2.210 1

表 10.3 混合算法最后一代各样本图像能量情况

砖块样本图像		大理石样本图像	
编 号	能 量	编 号	能 量
1	4 367.6	1	16 342
2	9 955.7	2	15 312
3	8 552.0	3	12 538
4	2 733.1	4	15 798
5	8 350.5	5	14 898
6	8 673.6	6	15 726
7	7 285.8	7	15 194
8	6 213.8	8	15 540
9	4 999.6	9	18 790
10	3 900.8	10	20 092
均值	6 503.3	均值	16 023

本章使用同一幅图像切割下来的另外 10 幅砖块图像和大理石图像做分类测试，图像如
图 10.6 和图 10.7 所示。

Brick11.jpg

Brick13.jpg

Brick14.jpg

Brick12.jpg

Brick16.jpg

Brick17.jpg

Brick18.jpg

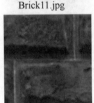
Brick15.jpg

Brick20.jpg

Brick19.jpg

图 10.6　砖块测试图像

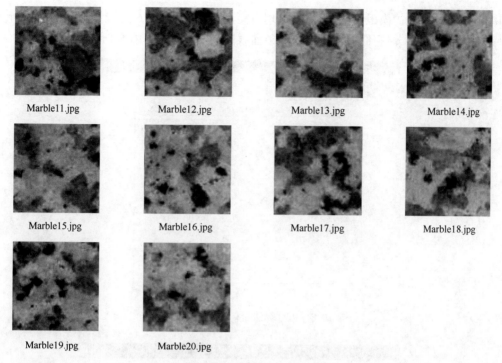

Marble11.jpg　　Marble12.jpg　　Marble13.jpg　　Marble14.jpg

Marble15.jpg　　Marble16.jpg　　Marble17.jpg　　Marble18.jpg

Marble19.jpg　　Marble20.jpg

图 10.7　大理石测试图像

　　使用表 10.2 求出的"Tuned"模板求图 10.6 和图 10.7 中每幅测试图像的能量，然后采用逻辑回归分类算法对求得的能量结果进行分类，分类结果为 20/20，实验结果表明，"Tuned"模板是一种可行的纹理特征分类方法，它只需较少的参数，并且具有令人满意的分类精度。

　　在同样的运行环境下，用原始的粒子群优化算法做了一组同样的实验，粒子群优化算法参数设置如表 10.4 所示。

表 10.4　粒子群优化算法参数设置

算法	参　数	值
粒子群优化算法（PSO）	学习因子 $c_1 = c_2$	1.5
	惯性指数 ω_{max}	0.8
	惯性指数 ω_{min}	0.4

　　使用 PSO 算法求取的"Tuned"模板如表 10.5 所示。

表 10.5　使用 PSO 算法求取的"Tuned"模板

模板	列 1	列 2	列 3	列 4	列 5
行 1	−27.906 6	−4.828 3	65.469 8	−4.828 3	−27.906 6
行 2	14.256 7	−13.953 9	−0.605 6	−13.953 9	14.256 7
行 3	12.440 5	−37.537 0	50.193 0	−37.537 0	12.440 5
行 4	31.328 9	−14.761 5	−33.134 8	−14.761 5	31.328 9
行 5	28.148 3	−2.118 9	−52.058 8	−2.118 9	28.148 3

用 PSO 算法求取的模板对图 10.7 的大理石测试图像和图 10.6 的砖块测试图像做分类的正确率同样是 20/20，但它们的适应度值收敛曲线如图 10.8 和图 10.9 所示。

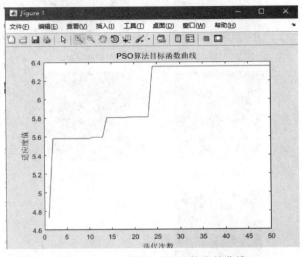

图 10.8　PSO 算法目标函数收敛曲线

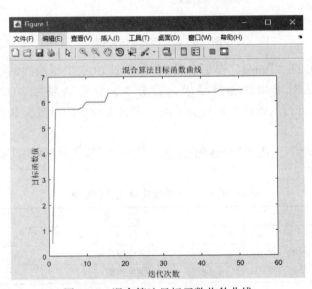

图 10.9　混合算法目标函数收敛曲线

由图 10.8 和图 10.9 可知，混合算法收敛速度远快于 PSO 算法。

第 *11* 章

基于自然计算的一体优化 SVM 图像分类方法

支持向量机（SVM）是最为常用的图像分类技术之一，然而其性能和其使用的参数与核函数是密切相关的，当核函数固定的时候，SVM 性能主要受惩罚因子 C 和核函数参数 g 的影响，需要对相关参数进行调校寻优，以求获得理想的 SVM 分类器。如果核函数选定，其相关参数主要是惩罚因子 C 和核函数参数 g，即优化 C、g 这两个参数。而其对应的特征选择与 SVM 参数优化的过程之间又是相互影响的，所以在进行参数寻优过程的同时也要考虑特征选择过程。传统的方法普遍是分开进行特征选择和参数寻优过程，但是这样也就难以确定是应该先进行特征选择操作，还是应该先进行 SVM 参数寻优操作，所以难以获得很好的分类结果。已有研究者将特征选择及 SVM 的参数的一体优化，取得了良好的效果；然而由于一体优化的寻优空间巨大，该问题并没有完全解决。本章将 SVM 的参数寻优问题和特征选择（波段选择）问题视为最优化问题，使用自然算法同步处理（以下简称一体优化 SVM），在提高 SVM 分类精度的同时尽可能选择少的特征数目（波段），获得整体性能最优的 SVM 图像分类器，并应用于遥感图像分类。

11.1　基于改进的 BACO 一体优化 SVM 遥感图像分类

11.1.1　基于改进的 BACO 一体优化 SVM 思路

由于 RBF 核（径向基函数核）只有一个参数且分析高维数据的能力比较好，所以本章选择 RBF 核作为 SVM 分类器的核函数，则其相应所需要优化的参数组合为惩罚因子 C 和核函数参数 g。因此每个蚂蚁个体中应该包含这两个参数，由于还需要同步优化特征选择，所以蚂蚁个体中还应当包含特征选择的信息，即每个染色体代表 SVM 中的一个候选 C、g 以及特征选择信息。其中 C 和 g 的范围设置为 $[2^{-5}, 2^5]$。

为了达到特征参数同步优化的目标，本章将蚂蚁个体以二进制的形式进行编码，其结构形式如表 11.1 所示。其中，个体中的前 n 位代表惩罚因子 C 的部分；中间的 $m-n$ 位表示核函数参数 g 的部分；最后的 $l-m$ 位表示特征子集的部分。对于 C 和 g 部分，最后以转换为十进制所对应的实际值表示。对于个体结构后的特征选择信息来说，各二进制位均表示相应特征集合中的一个特征，当该位置的数值是 1 时，则表明选择了相应位置上的特征；当数值是 0 时，则表明没有选择相应位置上的特征。

表 11.1　蚂蚁个体编码结构表

惩罚参数 C				核函数参数 g				特征选择信息			
x_C^1	x_C^2	⋯	x_C^n	x_g^{n+1}	x_g^{n+2}	⋯	x_g^m	x_F^{m+1}	x_F^{m+2}	⋯	x_F^l

■11.1.2　基于改进的 BACO 一体优化 SVM 步骤

对于基本二进制蚁群算法，一开始的启发信息是随机生成的，没有利用待处理问题本身包含的启发信息，它的收敛速度太慢了，而且随着二进制蚁群算法在参数空间中寻找最优值，随机的位变化可能会导致局部最优值。因此，在蚁群算法开始阶段，适当的设置启发信息能帮助二进制蚁群算法获得更好的解，并且能提高算法自身的鲁棒性和运算效率。遗传算法（GA）是最常用的进化算法之一，它遵循着自然选择和进化的过程，并被广泛应用于优化生成有用解和搜索问题，特别是当待处理的问题没有启发信息的时候。然而，它容易过早地收敛而且在演变后期的收敛速度特别慢。遗传算法在演变的过程中不需要任何启发信息且大都可以获得满意的解，这点正是二进制蚁群算法所缺少的，此外，遗传算法和二进制蚁群算法都是用的二进制编码让二者更容易结合。因此，本章提出一种改进的二进制蚁群算法（MBACO）并将之用于 SVM 特征选择和参数一体优化，进而应用于遥感图像分类，主要思路和步骤如下。

（1）输入训练数据集和测试数据集。

（2）设置遗传算法的参数并生成初始种群。

（3）根据适应度函数计算遗传算法中各个个体的适应度值并且执行遗传操作，如选择、交叉、变异。

（4）根据遗传算法得到的局部最优基因（适应度最大）个体的二进制串设置二进制蚁群算法的初始信息素浓度；设置能见度方法如下：如果在 GA 的解中，某些字符串的值为 0，那么对应的 BACO（二进制蚁群算法）解位置信息素浓度为 0 就会被设置为一个大的值，而它的信息素浓度为 1 是用一个小的值来设置的。例如，假设 GA 的二进制串为 01010001，当前个体的信息素浓度可以分别从左到右设置 $\tau_i(0) = \{0.8, 0.2, 0.8, 0.2, 0.8, 0.8, 0.8, 0.8\}$，$\tau_i(1) = \{0.2, 0.8, 0.2, 0.8, 0.2, 0.2, 0.2, 0.8\}$，然后根据 BACO 的更新规则生成新解。如果当前个体的适应度值优于 GA，则该个体将被用来替换 GA，GA 重新启动相应个体，GA 和 BACO 轮流运行，直到达到终止条件为止。

（5）计算并得到二进制蚁群算法（BACO）的候选解，蚁群搜索时选择路径的概率为

$$p_{i,j}^k(0) = \frac{[\tau_{i,j}(0)]^\alpha \cdot [\eta_{i,j}(0)]^\beta}{[\tau_{i,j}(0)]^\alpha \cdot [\eta_{i,j}(0)]^\beta + [\tau_{i,j}(1)]^\alpha \cdot [\eta_{i,j}(1)]^\beta} \tag{11.1}$$

$$p_{i,l}^k(1) = 1 - p_{i,j}^k(0) \tag{11.2}$$

其中，$p_{i,j}^k(0)$ 是 k 时刻从节点 i 移动到 j（j 的标记状态为 0）的概率；参数 $\alpha(\alpha \geq 0)$ 是信息素的相对重要性；$\beta(\beta \geq 0)$ 是能见度的相对重要性；$\tau_{i,j}(0)$ 是路径（i, j）（j 的标记状态为 0）上的信息素浓度；$\tau_{i,j}(1)$ 是路径（i, j）（j 的标记状态为 1）上的信息素浓度；$\eta_{i,j}(0)$ 是蚂蚁 i 到达 j（j 的标记状态为 0）时的能见度；$\eta_{i,j}(1)$ 是蚂蚁 i 到达 j（j 的标记状态为 1）时的能见度。蚂蚁根据 0、1 两条路线上的信息素浓度高低选择走哪一条。此外，路径

上的信息素会随着时间流逝而挥发。如果二进制蚁群算法没有达到 5 次迭代以上，则直接用式（11.1）和式（11.2）进行搜索。

（6）计算二进制蚁群算法生成的每个候选解的适应度值，选出并保留当前最优值。对于一体优化而言，终极目标是尽可能用更少的特征得到更高的分类效果，因此适应度评价函数定义为

$$F(i) = \lambda \times \text{Accuracy}(i) + \frac{1 - \lambda}{n(i)} \tag{11.3}$$

其中，$F(i)$ 是蚂蚁 i 生成解的适应度值；$n(i)$ 是蚂蚁 i 选择的特征数目；λ 是一个小值加权常数，通常设置为 $\lambda = 0.95$。为了做更直观的评价，适应度值的显示形式采用小数，而不是百分比，$\text{Accuracy}(i)$ 表示运用蚂蚁 i 生成解得到的特征子集分类的分类精度。支持向量机分类器的分类精度是适应度值的主要影响因素。

$$\text{Accuracy}(i) = \frac{T_P + T_N}{T_P + T_N + F_P + F_N} \tag{11.4}$$

其中，T_P（正确正例）：如果测试例子是正例的并且它被确定是正例的，则它被视为正确正例；T_N（正确负例）：如果测试例子是负例的并且它被确定是负例的，则它被视为正确负例；F_P（错误正例）：如果测试例子是负例的并且它被确定是正例的，则它被视为错误负例；F_N（错误负例）：如果测试例子是正例的并且它被确定是负例的，则它被视为错误负例。

（7）如果二进制蚁群算法（BACO）的当前最优值比遗传算法（GA）的更好，替换遗传算法当前个体；否则遗传算法的个体不改变。

（8）通过式（11.5）和式（11.6）更新蚁群搜索路径上的信息素浓度。

$$\tau_{i,j}(0)(t+1) = (1 - \rho)\tau_{i,j}(0)(t) + \Delta\tau_{i,j}^{\text{best}} \tag{11.5}$$

$$\tau_{i,j}(1)(t+1) = (1 - \rho)\tau_{i,j}(1)(t) + \Delta\tau_{i,j}^{\text{best}} \tag{11.6}$$

其中，t 表示迭代次数；$\tau_{i,j}(t+1)$ 表示第（$t+1$）次迭代中节点 i 到节点 j 的路径上的信息素浓度；ρ 表示信息素的挥发率，并且 $\rho \in [0, 1]$；$\Delta\tau_{i,j}^{\text{best}}$ 表示增加的信息素，$\Delta\tau_{i,j}^{\text{best}} = 1/f(s^{\text{best}})$，$f(s^{\text{best}})$ 表示最好的适应度值。

（9）判断最终条件是否满足，如果是，继续第（10）步；否则转到步骤（3）。

（10）输出最优值，分析最优值的二进制串确定选定的特征和最优参数。

（11）将特征和参数一体优化好的 SVM 用于图像分类。

11.1.3　图像分类结果实验与分析

为了对所提出的方法进行验证，利用部分遥感图像进行实验分析。实验中遥感图像提取了 36 个特征，如 Law 模板（12 个特征）、灰度直方图统计（8 个特征）、灰度共生矩阵（GL-CM，6 个特征）、灰度纹理统计（4 个特征）、梯度直方图（4 个特征）和局部二进制模式（LBP，2 个特征）组成一个遥感图像数据集。本章使用 5 个不同的遥感图像数据集，对所提出的方法进行进一步的验证。对于遥感图像数据集，随机从纹理图像区域中选择一部分作为训练数据集，其余的被选为测试数据集。最后，利用一体优化训练的 SVM 对每个像素进行监督分类。这里实验分成 3 个部分：第一部分只优化 SVM 参数；第二部分只进行特征选择；第三部分特征选择和参数一体优化，同时和 BPSO（二进制粒子群优化算法）、BDE

（二进制差分进化算法）、GA 进行了对比实验，GA、BPSO、BDE 使用的参数如表 11.2 ~ 表 11.5 所示。

表 11.2 GA 使用的参数

参　数	含　义	值
N	群体规模	20.0
P_s	选择率	0.9
P_c	交叉率	0.8
P_m	变异率	0.1

表 11.3 BACO 使用的参数

参　数	含　义	值
N	群体规模	20.0
α	信息素重要程度	0.5
β	可见度重要程度	0.3
ρ	信息素挥发率	[0, 1]

表 11.4 BPSO 使用的参数

参　数	含　义	值
N	群体规模	20.0
c_1, c_2	加速常数	2.0
r_1, r_2	随机数	[0, 1]

表 11.5 BDE 使用的参数

参　数	含　义	值
N	群体规模	20.0
f_m	变异因子	0.6
C_R	交叉率	0.9

为评价遥感图像数据集分类时参数优化、特征选择和一体优化方法的性能，我们为每幅图像提取了 36 个特征。5 幅实验图像分别命名为 RSI1、RSI2、RSI3、RSI4 和 RSI5。表 11.6 显示了这 5 个数据集的信息。对于参数优化，目标函数是分类精度；对于特征选择，目标函数被定义为 $F(i) = \dfrac{\text{Accuracy}(i)}{1 + \lambda \cdot n(i)}$，$n(i)$ 是蚂蚁 i 选择的特征数目；Accuracy (i) 表示运用蚂蚁 i 生成解得到的特征子集分类的分类精度；λ 是一个小值加权常数，对于一体优化，目标函数被定义为式（11.3）。目标函数的高适应度值代表更好的优化能力和分类结果。对于所有表，Fiv 和 Std 分别表示 50 次独立操作的均值和标准差。时间是每次计算的 CPU（中央处理器）时间，它的单位是 s，实验图像的总体信息如表 11.6 所示。

表 11.6　实验图像的总体信息

名称	图像尺寸/像素×像素	特征个数/个	类别数/个
RSI1	400×400	36	2
RSI2	684×684	36	4
RSI3	300×300	36	2
RSI4	400×400	36	3
RSI5	540×540	36	3

1. 参数优化实验

对于遥感图像数据集，表 11.7 显示了由不同算法进行 SVM 参数优化的适应度值，这里使用的核函数是 RBF 内核。观察表 11.6 可以发现，5 种算法的适应度值是相似的，它们之间的平均适应度值的最大差异只有 5%。对于 RSI5 数据集，使用 BDE 的平均适应度值略优于使用 MBACO，但差异很小，小于 0.1%，使用 MBACO 的计算时间和标准差仍然优于使用 BDE。此外，对于 RSI1 数据集，使用 MBACO 的 CPU 时间比使用 GA 的时间长 0.04 s，对于其他数据集，使用 MBACO 的 CPU 时间是最短的，在 RSI4 和 RSI5 数据集上，MBACO 的适应度值标准差则低于 1%，表现得非常稳定。

表 11.7　不同算法的参数优化实验结果

数据集	均值	GA	BACO	BPSO	BDE	MBACO
RSI1	Fiv/%	96.541 7	97.444 4	96.708 3	97.208 3	97.583 3
	Std/%	2.556 2	1.718 3	1.849 8	1.570 0	1.222 8
	时间/s	2.274 0	3.482 0	3.584 0	2.665 1	2.315 5
RSI2	Fiv/%	74.107 1	78.782 5	76.769 5	77.378 2	79.490 3
	Std/%	5.306 7	3.096 2	4.049 8	2.679 5	2.210 9
	时间/s	1.831 5	2.609 3	2.735 3	2.114 9	1.771 5
RSI3	Fiv/%	97.463 0	98.207 4	97.814 8	97.981 5	98.518 5
	Std/%	2.197 0	1.634 0	1.642 8	1.692 6	1.576 3
	时间/s	1.556 9	2.423 1	2.528 0	2.299 3	1.544 3
RSI4	Fiv/%	93.472 2	95.388 9	94.888 9	95.055 6	95.736 1
	Std/%	2.261 2	0.861 5	1.431 8	1.018 0	0.665 7
	时间/s	3.825 5	5.396 4	5.479 0	4.994 5	3.536 8
RSI5	Fiv/%	97.705 8	98.534 6	98.415 6	98.570 0	98.559 7
	Std/%	1.388 0	0.735 2	0.790 0	0.856 2	0.647 2
	时间/s	4.852 0	6.348 1	6.379 2	5.822 9	4.396 4

2. 特征选择实验

对于遥感图像数据集，表 11.8 显示了由不同算法优化的特征选择的适应度值。Fn 是 50

次独立操作中最优适应度值选择的特征数。由于遥感图像数据集的高维数,特征选择对计算效率具有非常重要的影响。在表 11.8 中,对 4 个数据集 MBACO 的平均适应度值为 0.83;对于 RSI3 数据集来说,它的平均适应度值已经达到 0.90,这显然比其他 4 种算法要好;其最优分类精度达到 0.920 7 × [1 + 0.01 × 7(选择特征数)] = 98.5149%,平均分类精度为 97.703 7%。

表 11.8 不同算法的特征选择实验结果

数据集	均值	GA	BACO	BPSO	BDE	MBACO
RSI1	Fiv/%	0.786 6	0.822 9	0.792 7	0.803 5	0.838 0
	Std/%	0.070 8	0.063 0	0.085 4	0.053 5	0.041 1
	Fn/个	12	10	11	11	9
	时间/s	1.388 5	2.378 3	2.442 7	2.017 0	1.171 9
RSI2	Fiv/%	0.413 6	0.460 1	0.433 4	0.439 4	0.482 6
	Std/%	0.073 2	0.052 9	0.062 6	0.050 6	0.040 2
	Fn/个	14	10	12	12	8
	时间/s	1.169 9	1.907 0	2.011 5	1.803 8	1.119 8
RSI3	Fiv/%	0.862 6	0.897 8	0.866 8	0.881 4	0.902 2
	Std/%	0.013 0	0.012 8	0.013 0	0.012 0	0.011 8
	Fn/个	10	7	10	8	7
	时间/s	0.826 6	1.469 1	1.478 4	1.191 3	0.793 4
RSI4	Fiv/%	0.757 2	0.846 3	0.784 7	0.810 0	0.868 9
	Std/%	0.098 3	0.057 5	0.087 0	0.054 2	0.051 7
	Fn/个	10	7	9	8	6
	时间/s	2.621 5	3.688 1	3.775 2	3.290 4	2.506 6
RSI5	Fiv/%	0.795 5	0.838 8	0.813 9	0.829 9	0.851 7
	Std/%	0.059 3	0.037 8	0.039 4	0.034 7	0.030 5
	Fn/个	13	11	11	11	10
	时间/s	2.863 4	3.975 2	4.144 8	3.683 3	2.649 8

也就是说,从所有 36 个特征中选择 7 个特征,最优的分类精度高于 98%。使用 MBACO 的标准差在所有数据集上都低于 0.06,这说明提出的 MBACO 稳定性和鲁棒性良好。MBACO 的 CPU 时间少于 2.65 s;实验结果表明针对高维度遥感图像数据集,提出的 MBACO 可以快速收敛于最优值。

3.一体优化实验

对于 5 个遥感图像数据集,表 11.9 显示了由不同算法优化的一体优化方法的适应度值。根据表 11.8 中的数据,MBACO 的平均适应度值明显优于其他 4 种算法,4 个数据集的平均适应度值超过 0.92;对于 RSI3 和 RSI5 数据集,它们的平均适应度值已经达到 0.95,它的标准差只有 0.003 3。对于 MBACO 来说,所选的特征数都低于 14,对于 RSI1、RSI2 和 RSI5 数据集的全部 36 个特征它只需 12 个特征。因此，提出的 MBACO 具有较高的收敛效率；它只需 3.27 s 就可以收敛于 RSI5 数据集的最优值；可满足遥感图像分类实时应用的要求。另外，对于 5 个数据集，使用一体优化的平均分类精度分别达到 98.402 8%、83.133 1%、99.259 3%、97.002 8%和 99.273 1%，这些都是高于利用表 11.6 中仅仅进行参数优化的分类精度。此外，和参数优化相比，一体优化的整个过程将花费更少的 CPU 时间。总之，所提出的 MBACO 具有较强的遥感图像分类优化能力。

表 11.9　不同算法的一体优化实验结果

数据集	均值	GA	BACO	BPSO	BDE	MBACO
RSI1	Fiv/%	0.926 5	0.937 3	0.931 7	0.933 0	0.942 5
	Std/%	0.013 5	0.011 0	0.012 2	0.009 4	0.003 0
	Fn/个	14	13	13	13	12
	时间/s	1.999 2	2.870 0	3.173 1	2.329 4	1.857 7
RSI2	Fiv/%	0.707 9	0.746 8	0.722 7	0.743 3	0.764 8
	Std/%	0.020 5	0.018 4	0.019 3	0.019 0	0.013 0
	Fn/个	17	14	16	14	12
	时间/s	1.426 6	2.467 3	2.522 0	1.954 2	1.383 5
RSI3	Fiv/%	0.935 7	0.944 5	0.940 8	0.942 1	0.950 0
	Std/%	0.011 3	0.007 6	0.010 4	0.009 0	0.003 3
	Fn/个	15	14	15	15	14
	时间/s	1.451 7	2.225 5	2.312 1	2.067 8	1.373 9
RSI4	Fiv/%	0.899 9	0.918 0	0.908 4	0.911 6	0.927 8
	Std/%	0.016 8	0.007 2	0.011 2	0.009 7	0.004 8
	Fn/个	17	15	16	15	14
	时间/s	3.305 9	4.545 5	4.735 4	3.810 8	3.007 7
RSI5	Fiv/%	0.937 3	0.945 8	0.941 5	0.944 2	0.952 0
	Std/%	0.016 2	0.009 1	0.014 8	0.012 9	0.004 7
	Fn/个	15	14	14	14	12
	时间/s	3.659 3	4.838 5	5.058 8	4.068 1	3.273 8

4. 大幅遥感图像分类实验

在前面的实验中，评估主要基于适应度值；对于实际应用来说，它不够直观。遥感图像分类的最终目标是对图像中的所有目标进行精确的识别。此外，本节中使用 RSI3、RSI4 和 RSI5 数据集的部分数据作为训练数据集，并对 6 个实际图像的每个像素进行分类，这些图像分别命名为 I1~I6。原始图像显示在图 11.1（a）~图 11.6（a）中。识别图像显示在图 11.1（b）~图 11.6（b）中。之后显示了原始和识别部分的叠加图像。表 11.10 显示了参数优化、特征选择和一体优化的分类精度与 CPU 时间。

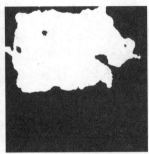

（a）原始图像　　　　　　（b）识别图像　　　　　　（c）叠加图像

图 11.1　I1 分类结果

（a）原始图像　　　　　　（b）识别图像　　　　　　（c）叠加图像

图 11.2　I2 分类结果

（a）原始图像　　　　　　（b）识别图像　　　　　　（c）叠加图像

图 11.3　I3 分类结果

（a）原始图像　　　　　　　　（b）识别图像

（c）叠加图像1　　　　（d）叠加图像2　　　　（e）叠加图像3

图 11.4　I4 分类结果

（a）原始图像　　　　　（b）识别图像

（c）叠加图像1　　　　（d）叠加图像2　　　　（e）叠加图像3

图 11.5　I5 分类结果

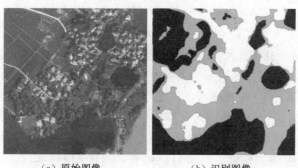

（a）原始图像　　　　　（b）识别图像

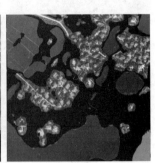

（c）叠加图像1　　　　　　　（d）叠加图像2　　　　　　　（e）叠加图像3

图 11.6　I6 分类结果

表 11.10　不同优化方式的分类精度

图像	含义	参数优化	特征选择	一体优化
I1	Accuracy/%	94.985 0	90.670 3	95.588 5
	时间/s	19.038 9	5.180 5	8.571 5
I2	Accuracy/%	93.959 7	89.875 2	94.604 4
	时间/s	19.444 2	5.273 6	8.6414
I3	Accuracy/%	92.455 8	88.119 6	92.909 6
	时间/s	18.584 7	4.737 6	8.124 9
I4	Accuracy/%	89.589 9	82.949 8	91.022 5
	时间/s	31.971 5	9.696 2	10.892 0
I5	Accuracy/%	88.749 7	83.856 4	89.945 8
	时间/s	32.834 1	9.878 8	11.038 2
I6	Accuracy/%	90.119 3	85.253 4	91.244 6
	时间/s	33.625 4	10.034 9	11.239 0

在图 11.1（a）~图 11.3（a）中，3 个测试图像有两类不同的地物，本章所提方法较好地对原始图像进行了分类，对每个像素都进行了精确的识别。在图 11.1（c）~图 11.3（c）中，识别部分几乎与相应的区域重合，边缘部分基本上与原始图像一致。对于一体优化训练的 SVM，其分类结果与人工标定分类相比，分类精度已超过 92%，结果令人满意。更重要的是，使用一体优化的分类精度比使用参数优化要高一些，而 CPU 时间则快了两倍。虽然，使用特征选择的 CPU 时间相对更快，但分类精度低于 91%。图 11.1（a）~图 11.3（a）的尺寸都是 400 像素×400 像素，有 16 万像素点，整个分类过程只花费 8 s。在图 11.4（a）~图 11.6（a）中，所提出的方法对 3 个目标进行了精确的识别，在细节部分的表现尤为突出。对于一体优化 SVM 分类器，与人工标定分类相比，分类精度达到了 86%，分类精度明显高于使用参数优化和特征选择的 SVM 的精度。虽然对目标有一定的误差，但总体识别精度是令人满意的。对于图 11.1（a）~图 11.3（a），基本尺寸都是 512 像素×512 像素，有 262 144 个像素

点，整个分类过程只花费 11 s，进一步说明了一体优化 SVM 分类器的性能。总的来看，提出的基于 MBACO 一体优化 SVM 遥感图像分类方法是一种鲁棒性和实时性良好的方法，即使对于多分类问题，它的计算效率仍然令人满意。

11.2　基于 IGSA 一体优化的小波 SVM 高光谱图像分类

　　单纯的波段选择难以稳定获得令人满意的分类精度。在采用 SVM 进行分类的过程中，需要选取适合于当前数据集的核函数形式及参数，使分类器模型的泛化能力达到最优。小波分析作为一种空间域和频率域的局部变换过程，通过伸缩、平移等操作对信号在多个尺度上进行更为精细的分析，从而聚焦到信号中存在的诸多细节，获取更有价值的信息。现如今，小波变换已在语音信号合成、医学图像诊断、勘探数据处理、机械故障诊断等众多工程技术领域得到了广泛应用，并在计算机视觉、图像处理等领域得到了专家学者的进一步关注。小波函数作为小波分析的一个重要工具，由于其特有的正交性、对称性、正则性，使其在频率域内具有良好的稳定性和局部性。随着数据获取方式的不断丰富，数据的维数不断升高，小波函数具有良好的鲁棒性及适应性，采用小波函数作为 SVM 核函数进行高光谱图像分类，在一定程度上提高了分类器模型的泛化能力，有利于获取更为稳定的分类精度。

　　此外，分类器模型参数的选择对最终的分类结果也有着至关重要的影响。在高光谱图像分类实际操作过程中，波段选择与分类器参数优化往往是各自独立进行的。但是，由于两者间存在着一定的联系，当且仅当分类器参数与所选波段子集相吻合时，所得到的分类精度才能达到最优；而将两者分开考虑，通常情况下分类器参数与所选波段子集无法完全吻合，难以获取最优 SVM 分类器模型。本质上，波段选择和分类器参数优化均属于组合优化问题，可以采用改进万有引力算法进行求解。因此，本节采用改进万有引力算法对波段选择和分类器参数进行一体优化，获取最优 SVM 分类器模型。

■ 11.2.1　基于小波函数的 SVM

　　RBF 函数由于其所需参数较少、数学形式简单、运算速度快对于非线性样本拥有较好的适应性。然而，由于 RBF 函数仅仅对不同训练样本间的距离进行计算，并未考虑训练样本在实际图像中的位置关系，对于高光谱图像这类高维图像数据，难以获取稳定的分类精度。

　　小波变换作为当前信号处理领域一个重要的研究方向，它是将时间信号展开为不同形式的小波函数，进而对其进行线性叠加并不断向函数表示的曲线逼近，更好地对信号细节变化部分进行呈现。随着专家学者对小波变换理论研究的不断深入，已有多种形式的小波函数得以提出并得到广泛应用。目前常见的小波函数形式主要有 Shannon 小波函数、墨西哥帽小波函数、复 Morlet 小波函数、谐波小波函数，它们的定义如式（11.7）~式（11.10）所示。

　　（1）Shannon 小波函数：

$$K(x, x') = \prod_{i=1}^{d} \frac{\sin\left(\frac{\pi}{2} \cdot \frac{x_i - x_i'}{\sigma}\right)}{\frac{\pi}{2} \cdot \frac{x_i - x_i'}{\sigma}} \cos\left(\frac{3\pi}{2} \cdot \frac{x_i - x_i'}{\sigma}\right) \tag{11.7}$$

（2）墨西哥帽小波函数：

$$K(x, x') = \prod_{i=1}^{d} \left[1 - \frac{(x_i - x_i')^2}{\sigma^2} \right] \exp\left[-\frac{(x_i - x_i')^2}{2\sigma^2} \right] \tag{11.8}$$

（3）复 Morlet 小波函数：

$$K(x, x') = \prod_{i=1}^{d} \cos\left[1.75 \times \frac{(x_i - x_i')}{\sigma} \right] \exp\left[-\frac{(x_i - x_i')^2}{2\sigma^2} \right] \tag{11.9}$$

（4）谐波小波函数：

$$K(x, x') = \prod_{i=1}^{d} \frac{e^{i4\pi \frac{x_i - x_i'}{\sigma}} - e^{i2\pi \frac{x_i - x_i'}{\sigma}}}{i2\pi \left(\frac{x_i - x_i'}{\sigma} \right)} \tag{11.10}$$

采用上述 4 种形式的小波函数作为 SVM 核函数，通过不同训练样本间的内积与距离进行计算，获取样本间的欧式距离、位置关系、可分离度等细节信息，并根据此信息对不同类别的样本分类。由于小波变换可以将较为微弱的信号进行放大，使该信号在空间中被识别，因此可以通过小波核函数对光谱特征值表征较为接近样本间的区别进行放大，提高分类器模型的稳定性。

惩罚因子 C 和核函数参数 g 两个参数对分类精度起到了决定性的作用。核函数参数 g 决定了训练样本的本质属性；当 g 取值较小时，分类精度得以提高，然而模型的泛化能力不足；当 g 取值较大时，模型的泛化能力难以达到实际应用的需求。在核函数参数由小变大的过程中，模型的泛化能力和分类精度分别表现出不同的变化趋势。只有当 g 取值位于合理的范围时，模型的泛化能力以及分类精度才有可能处于平衡的状态。惩罚因子 C 的作用是使最小误差和最小经验风险间尽可能达到平衡，模型的泛化能力不断趋近于最优状态。在求解空间中，C 取值越小，则说明模型可以更好地对产生的经验错误进行修正，经验风险值更高，该现象即为"欠学习"；C 取值越大，则说明模型难以对产生的经验错误进行修正，经验风险值更小，该现象即为"过学习"。因此，基于 SVM 对样本进行训练学习的过程中，必然存在一个最适合于当前数据集的惩罚因子，使分类器模型的泛化能力达到最优。

在 SVM 参数优化问题的求解过程中，最为常用的方法是采用基于交叉验证理论的网格搜索方法对惩罚因子 C 和核函数参数 g 进行选取，其基本思想是让 C 和 g 在一定的范围内，依据设定的步长对搜索空间等距划分网格，并遍历网格内的样本点对两个参数进行取值，求得使训练集样本分类精度最高的那组 C 和 g 作为分类器模型最优参数，其具体步骤如下。

（1）训练数据集、测试数据集样本获取。根据获取的数据集，将全部样本按照 50%/50%的比例划分为训练数据集样本和测试数据集样本，增加样本分布的随机性，进一步提高分类器模型对整个数据集的适应性。

（2）网格搜索法选取参数。选择适合于当前数据集的核函数形式，对惩罚因子 C 和核函数参数 g 进行初始化，设定每个参数在特征空间中搜索范围，采用网格搜索法，对参数进行选择。

（3）采用训练数据集样本对分类器模型进行不断学习。按照步骤（2）中的选择结果对惩罚因子 C 和核函数参数 g 进行取值，使用训练样本对 SVM 分类器模型进行训练，并根据分类精度的变化实时更新参数。

(4) 以测试数据集样本的分类精度验证分类器模型参数的性能。依据步骤（3）得到的最优分类器模型参数，对测试集样本进行分类实验，并依据其分类精度对分类器模型参数的性能进行评估。

由于该方法本质上是在穷举法的基础上进行改进的，虽然在理论上一定可以通过不断搜索获取最优值，然而，搜索过程需要不断变换步长，需要大量的时间进行搜索，算法的时间复杂度相对较高。因此，本章采用改进万有引力算法对分类器参数进行优化，快速获取最优的惩罚因子 C 和核函数参数 g。

11.2.2　采用 IGSA 算法进行 SVM 一体优化

1. IGSA 算法编码形式

本章采用 IGSA 算法构建最优 SVM 分类器模型，对波段选择与分类器参数进行一体优化。对于波段选择部分而言，每个粒子的编码长度等于图像包含波段的总数目，每个个体的位置均由 0 或者 1 两种状态表示。状态 1 表示当前波段"被选择"，而状态 0 表示当前波段"未被选择"。对于分类器参数优化部分而言，为了与波段选择部分编码保持一致，依然采用二进制编码形式，在分类器模型运行过程中再将其转换为十进制形式。假设一幅高光谱图像共包含 20 个波段，则算法的前 20 位编码表示波段选择部分，后 20 位编码表示分类器参数优化部分；对于每一个参数，前 10 位编码表示参数的整数部分，后 10 位编码表示参数的小数部分，每个参数的取值范围为 0~32，则 IGSA 算法可以采用以下形式对待求解一体优化问题进行编码：01001010101001000101 | 10010011000000100111。由该编码形式可以看出：在波段选择部分，所有波段中只有编号为 2、5、7、9、11、14、18 和 20 共 8 个波段"被选择"组成最优波段子集，并采用 SVM 对其进行分类，而剩余的波段均被舍弃；在分类器模型参数优化部分，惩罚因子 C 和核函数参数 g 两个参数分别取值为 $C = 18.375$，$g = 1.1875$。通过一体优化过程，同时获取最优波段子集和分类器参数，构建最优 SVM 分类器模型，进一步提高图像的分类精度。

2. 目标函数

与波段选择问题类似，对于一体优化问题而言，分类精度和所选择波段数目依旧是其中两个关键的评价指标。相比于波段选择问题而言，分类精度的高低对于整个分类器模型有着更为重要的意义，应分配更大的权重系数。因此，本章中一体优化问题的目标函数由式 (11.11)定义：

$$F(i) = \lambda \cdot \mathrm{Acc}_i + (1 - \lambda) \cdot \frac{n_i}{N} \tag{11.11}$$

其中，$F(i)$ 表示第 i 个粒子的适应度值；n_i 和 N 分别表示所选择波段子集包含的波段数目和图像包含的总波段数目；Acc_i 表示第 i 个粒子所对应测试样本的分类精度；λ 依旧作为所选择波段数目的权重参数，本章取 $\lambda = 0.9$。

11.2.3　采用 IGSA 算法进行分类器模型一体优化实验结果与分析

1. 图像数据集实验

为了验证本章一体优化方法的有效性，采用 I1~I6 共 6 个高光谱图像数据集，并对其同时进行波段选择和分类器参数优化。分别同基于 PSO、DE、CS、标准 GSA 算法优化的一体优化方法进行了对比，将分类精度与所选择波段的数目进行结合，作为算法的目标函数进行适应度值评价。所有算法也均采用其二进制编码形式，每种算法均进行 30 轮迭代，种群规模均为 20。PSO 算法中，学习因子 $c_1 = c_2 = 2.0$，最大速度 $v_{max} = 30$。DE 算法中，取变异因子 $f_m = 0.6$，交叉概率 $C_R = 0.9$。CS 算法中，搜索概率 $P_a = 0.25$。标准 GSA 算法中，取 $G_0 = 100$，$\alpha = 20$，IGSA 算法的参数设置同标准 GSA 算法。由于上述算法均服从随机搜索机制，使得每个样本均有一定的可能性承担不同的功能，增加样本分布的随机性。每种算法独立运行 40 次，每次独立实验采用 50%/50% 的比例建立训练集样本/测试集样本。由于不同独立实验的分类结果互相不受干扰，在一定程度上避免了实验过程中可能存在的偶然性。为了对不同算法的优化性能进行客观的评价，40 次独立运行获得平均适应度值、平均分类精度、所选波段数目及算法的运行时间如表 11.11～表 11.14 所示。

表 11.11 采用不同算法的平均适应度值

数据集	PSO	DE	CS	标准 GSA	IGSA
I1	0.943 7	0.946 7	0.948 7	0.952 1	0.953 2
I2	0.747 4	0.762 0	0.788 1	0.817 9	0.836 7
I3	0.886 5	0.890 9	0.904 5	0.909 9	0.917 2
I4	0.724 2	0.735 9	0.753 6	0.772 3	0.798 4
I5	0.846 8	0.861 7	0.880 6	0.896 3	0.905 4
I6	0.733 6	0.758 8	0.770 3	0.783 8	0.793 5

表 11.12 采用不同算法的平均分类精度 （单位:%）

数据集	PSO	DE	CS	标准 GSA	IGSA
I1	97.919 1	98.234 0	98.479 9	98.898 4	99.013 4
I2	79.219 5	81.691 7	84.169 9	86.793 5	89.239 6
I3	94.150 0	94.800 0	95.650 0	96.175 0	97.025 0
I4	76.591 4	77.667 0	79.428 0	81.453 7	83.392 1
I5	89.026 0	90.258 7	91.424 1	92.381 3	93.231 6
I6	78.099 6	79.762 6	81.226 8	82.533 7	83.325 1

表 11.13 采用不同算法的所选择波段数目 （单位：个）

数据集	PSO	DE	CS	标准 GSA	IGSA
I1	11.05	10.10	9.00	7.10	5.85
I2	11.75	10.65	9.60	7.75	6.35
I3	33.00	30.95	28.70	25.80	23.50
I4	34.70	31.65	29.15	26.10	23.85
I5	48.40	46.55	44.25	42.45	37.55
I6	47.50	45.85	43.75	41.65	36.95

表 11.14　采用不同算法的运行时间　（单位：s）

数据集	PSO	DE	CS	标准 GSA	IGSA
I1	2.911 6	2.648 2	2.798 1	2.525 5	2.596 9
I2	4.911 0	4.482 5	4.640 8	4.052 3	4.133 6
I3	2.723 0	2.488 1	2.608 7	2.363 4	2.415 3
I4	5.238 7	4.962 1	5.023 0	4.498 3	4.600 4
I5	6.244 5	5.770 2	5.963 6	5.294 8	5.382 9
I6	9.924 0	9.116 6	9.469 1	8.535 3	8.699 4

由表 11.11 中数据可知，IGSA 算法相比于其他 4 种算法拥有更好的优化能力；特别对于 I2 和 I4 数据集，其平均适应度值与粒子群优化算法相比高出 0.07 以上。依据表 11.12 中的数据，基于 IGSA 算法进行一体优化，对于 I1、I3 和 I5 数据集，其分类精度达到 93% 以上，相比于第 9 章波段选择的结果，分类结果有了较为显著的提升，对于 I4 和 I6 数据集，其分类精度均提升至 83% 以上，其提升幅度均达到 6% 以上。此外，如表 11.13 和表 11.14 中数据所示，通过一体优化方法选择的波段数目与第 9 章波段选择方法相比多出了 10%～12%；特别对于两个包含 100 个波段的数据集，虽然所选择波段数目均超过 35，数据维度还是得到了明显的降低。通过设计最优分类器模型，提高了分类器模型的泛化能力，对波段特征值表征较为接近的地物更为精确地进行区分；特别对于 I2 数据集，仅仅增加 1 个波段，分类精度即提升了 3.7% 以上。对于算法的每次迭代过程而言，时间的增加不到 0.04 s，对整个算法的运行几乎未产生影响。综上所述，IGSA 算法拥有良好的优化性能，对于一体优化问题的求解有着较好的适应性，通过同时获取最优波段子集和分类器模型参数，进一步提升了分类精度。然而，随着原始图像波段数目的增加，进行波段选择后的图像依然属于高光谱遥感的范畴，依然包含了较多的冗余特征，难以达到实际应用的需求。因此，如何设计性能更优的分类器模型，进一步去除相关性较高的冗余波段，还有待后续进一步的研究。

2. 小波核函数实验

为了验证小波函数作为 SVM 核函数的有效性及稳定性，分别采用 Shannon 小波函数、墨西哥帽小波函数、复 Morlet 小波函数、谐波小波函数作为 SVM 核函数，构建小波 SVM 分类器模型，分别对 I1～I6 共 6 个高光谱图像数据集进行分类实验，并同当前 RBF 函数的实验结果进行对比。采用不同核函数形式的平均适应度值及适应度值标准差如表 11.15 和表 11.16 所示。

表 11.15　采用不同核函数的平均适应度值

数据集	RBF	Shannon	墨西哥帽	复 Morlet	谐波
I1	0.953 2	0.957 1	0.954 6	0.954 8	0.957 9
I2	0.836 7	0.844 1	0.837 6	0.841 7	0.845 2
I3	0.917 2	0.916 1	0.914 1	0.915 3	0.916 8
I4	0.798 4	0.806 2	0.801 2	0.805 4	0.807 1
I5	0.905 4	0.911 4	0.906 4	0.907 8	0.912 0
I6	0.793 5	0.796 6	0.790 8	0.792 2	0.798 1

表 11.16 采用不同核函数的适应度值标准差

数据集	RBF	Shannon	墨西哥帽	复 Morlet	谐波
I1	0.019 4	0.012 3	0.008 9	0.010 6	0.013 5
I2	0.024 8	0.015 2	0.011 0	0.014 3	0.017 1
I3	0.033 9	0.026 4	0.015 9	0.024 5	0.027 7
I4	0.045 1	0.031 4	0.023 4	0.029 8	0.033 3
I5	0.053 0	0.041 0	0.031 5	0.038 6	0.039 6
I6	0.060 9	0.051 2	0.043 7	0.045 4	0.047 8

由表 11.16 中数据可知，采用小波函数作为 SVM 核函数，对于其中 5 个数据集的平均适应度值较 RBF 函数有了进一步提升。对于 I3 数据集，其平均适应度值有所下降，然而下降幅度不到 0.004。通过比较 40 次独立实验的标准差可以看出，基于小波核函数进行实验，每次独立实验结果波动较小；特别对于 I1 和 I2 数据集，适应度值的标准差均不到 0.002，分类精度保持在一个较为稳定的水平。采用小波 SVM 分类器模型进行高光谱图像分类，模型与数据间始终保持着良好的适应性。

3. 实测图像实验

为了进一步验证本章一体优化方法的有效性，分别同新近提出的两种高光谱图像分类方法进行对比实验：结合多中心模型和 SAM 分类器模型（multi-center model SAM，MSAM）的高光谱图像分类方法（Tang eta.，2015）；结合邻域空间纹理统计信息和最小二乘 SVM 分类器模型（coupled compressed sensing inspired least square SVM，CCS-LSSVM）。同时，采用前述波段选择方法对 6 幅高光谱图像进行基于像素级的分类实验。最终的分类示意图如图 11.7 ~图 11.12 所示，每幅测试图像的分类精度如表 11.17 所示。

（a）原始图像

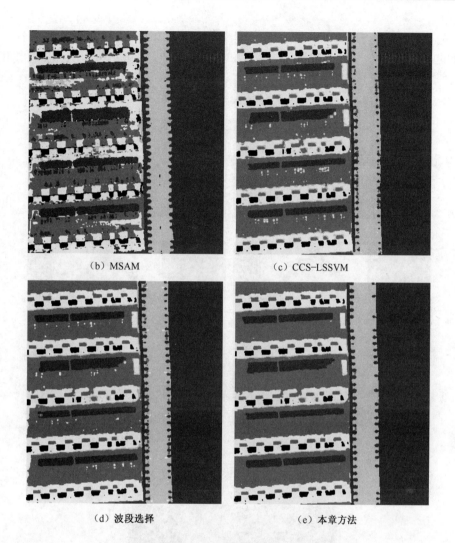

（b）MSAM　　　　　　　　　　　（c）CCS–LSSVM

（d）波段选择　　　　　　　　　　（e）本章方法

图 11.7　I1 图像分类结果

（a）原始图像

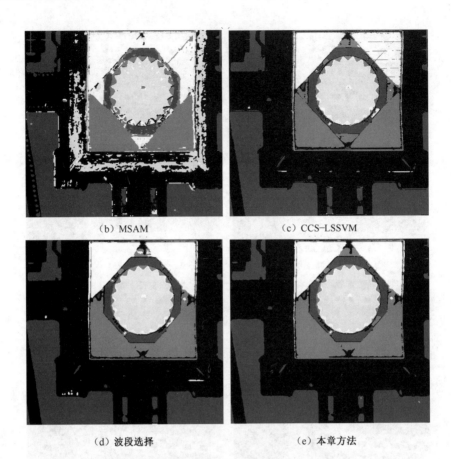

（b）MSAM   （c）CCS–LSSVM

（d）波段选择   （e）本章方法

图 11.8 I2 图像分类结果

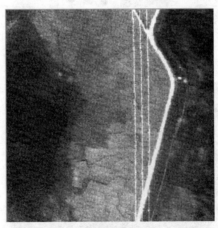

（a）原始图像

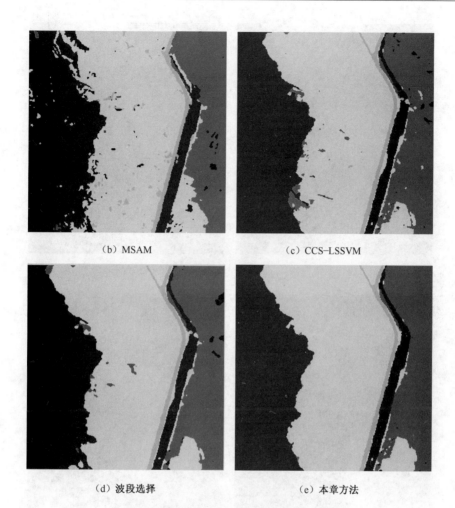

（b）MSAM　　　　　　　　　　　（c）CCS–LSSVM

（d）波段选择　　　　　　　　　　（e）本章方法

图 11.9　I3 图像分类结果

（a）原始图像

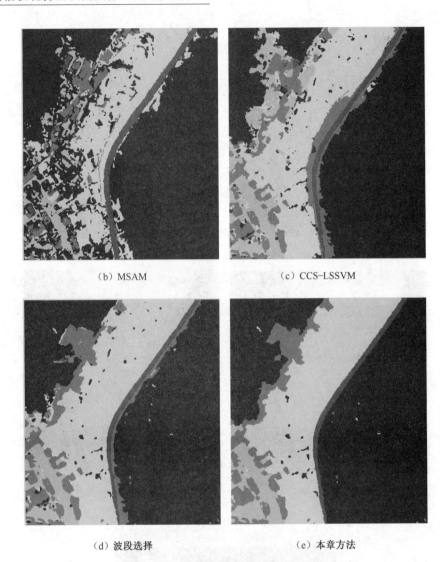

（b）MSAM　　　　　　　　（c）CCS–LSSVM

（d）波段选择　　　　　　　（e）本章方法

图 11.10　I4 图像分类结果

（a）原始图像

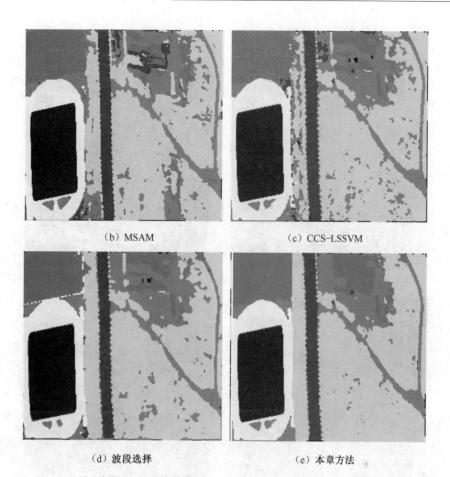

（b）MSAM　　　　　　　　　　（c）CCS-LSSVM

（d）波段选择　　　　　　　　　（e）本章方法

图 11.11　I5 图像分类结果

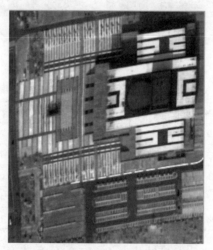

（a）原始图像

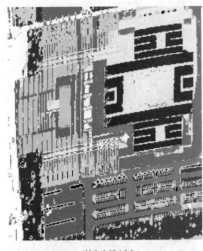
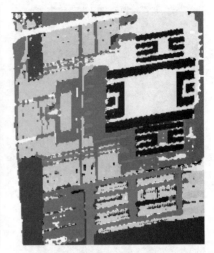

（b）MSAM　　　　　　　　　　　　　（c）CCS-LSSVM

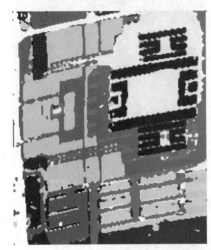
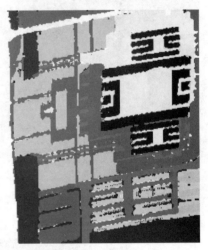

（d）波段选择　　　　　　　　　　　　（e）本章方法

图 11.12　I6 图像分类结果

表 11.17　采用不同方法的整体分类精度　　　　　　　（单位:%）

图像	MSAM	CCS-LSSVM	波段选择	本章方法
I1	79.469 4	90.327 5	93.273 6	94.497 9
I2	82.577 8	93.650 3	95.421 1	96.231 0
I3	88.941 1	93.293 3	94.670 0	95.980 0
I4	71.587 4	78.793 1	85.430 5	88.429 5
I5	77.698 6	82.408 2	86.167 5	89.091 4

　　由图 11.7~图 11.12 中的分类结果及表 11.17 的分类精度可知，MSAM 模型作为当前较为常用的高光谱图像分类方法，在分类过程中需要对像元光谱与参考光谱特征值进行匹配，一旦参考光谱值出现偏差，分类精度难以达到实际应用的需求。SVM 作为一种性能优良的分

类器模型，通过将数据由低维度特征空间向更高维度特征空间进行映射，适合于高维小样本问题的求解，对高光谱图像分类问题的求解有着良好的适应性。虽然，采用 CCS-LSSVM 方法对于前 3 幅图像进行分类，分类精度均达到 90% 以上，然而，由于所构建分类器模型参数是随机选择的，每次独立分类过程选用的分类器模型参数与所选择的波段子集难以直接匹配，分类示意图中图像边缘部分依然存在分类结果不够清晰的现象，难以满足实际应用中基于像素点进行分类的需求。采用本章一体优化方法进行分类，图像的分类精度有了较为显著的提升；特别对于 I6 图像，提升幅度达到 3% 以上，对于面积较大的地物目标做到较为精确的识别。然而，对于诸如 I4、I5 两幅图像中植被及裸地等区域较大的地物，分类结果中依然包含了部分噪声点，基于单一分类器模型对光谱特征值表征接近的地物进行分类，分类器模型的泛化能力还有待后续进一步的改进。

本章提出了一种基于 IGSA 算法的分类器模型一体优化方法，通过一次独立实验同时获取最优波段子集和分类器模型参数。基于同一个目标函数，分别与粒子群优化算法、差分进化算法、杜鹃搜索算法等常用进化算法进行对比，证明了 IGSA 算法良好的优化性能。此外，通过与新近提出的基于 MSAM、CCS-LSSVM 模型的高光谱图像分类方法进行比较，实验表明：本章一体优化方法进一步提升了图像的分类精度，分类器可以较好地对不同地物进行区分，降低了噪声点对分类结果的影响。通过与第 9 章波段选择方法进行比较，可以看出模型参数对最终分类结果有着决定性的影响，选用最优 SVM 参数可以最大限度发挥分类器模型对于不同地物光谱特征值的区分能力，所构建的一体优化模型是一种性能较为鲁棒的高光谱图像分类方法。

参 考 文 献

［1］ WOLPERT D H, MACREADY W G. No free lunch theorems for optimization ［J］. IEEE Transactions on Evolutionary Computation, 1997, 1 (1): 67-82.

［2］ GHODRATI A, LOTFI S. A hybrid CS/PSO algorithm for global optimization ［C］. Asian Conference on Intelligent Information and Database Systems. kaohsiung: Springer, 2012: 89-98.

［3］ WANG F, LUO L G, HE X S, et al. Hybrid optimization algorithm of PSO and Cuckoo Search ［C］. International Conference on Artificial Intelligence, Management Science and Electronic Commerce. Dengleng: IEEE, 2011: 1172-1175.

［4］ 罗德相, 周永权, 黄华娟. 粒子群和人工鱼群混合优化算法 ［J］. 计算机与应用化学, 2009, 26 (10): 1257-1261.

［5］ GANDOMI A H, YANG X S, ALAVI A H. Cuckoo search algorithm: a metaheuristic approach to solve structural optimization problems ［J］. Engineering with Computers, 2013, 29 (1): 17-35.

［6］ GOLDBERG D E. Genetic algorithm in search optimization and machine learning ［J］. New York: Addison Wesley, 1989, xiii (7): 2104-2116.

［7］ DAS S, SUGANTHAN P N. Differential evolution: a survey of the state-of-the-art ［J］. IEEE Transactions on Evolutionary Computation, 2011, 15 (1): 4-31.

［8］ KENNEDY J, EBERHART R C. Particle swarm optimization ［C］. Icnn'95 - International Conference on Neural Networks. Perth: IEEE, 1995.

［9］ KARABOGA D, AKAY B. A comparative study of artificial bee colony algorithm ［J］. Applied Mathematics & Computation, 2009, 214 (1): 108-132.

［10］ YANG X S, DEB S. Cuckoo search via levy flights ［J］. Mathematics, 2010 (22): 210 - 214.

［11］ YANG X S. Firefly algorithms for multimodal optimization ［J］. Mathematics, 2009, 5792: 169-178.

［12］ WAN Y C, WANY M W, YE Z W, et al. A "Tuned" mask learnt approach based on gravitational search algorithm ［J］. Computational Intelligence and Neuroscience, 2016 (3): 1-16.

［13］ YE Z W, ZHOU X, ZHENG ZB, et al. Chaotic particle swarm optimization algorithm for producing texture "Tuned" masks ［J］. Geomatics and Information Science of WuHan University, 2013, 38 (1): 10-14.

［14］ ZHENG Z B. Honey-bee mating optimization algorithm for producing better "Tuned" Masks ［J］. Geomatics and Information Science of WuHan University, 2009, 34 (4): 387-390.

［15］ 王凯. 基于布谷鸟搜索的特征选择算法研究 ［D］. 长春: 吉林大学, 2015.

［16］ 杨诸胜. 高光谱图像降维及分割研究 ［D］. 西安: 西北工业大学, 2006.

［17］ 沈雪冰. 高光谱遥感图像的预处理和分割关键技术研究 ［D］. 南京: 南京邮电大学, 2015.

［18］ 鲁锦涛, 马丽. 基于流形对齐的高光谱遥感图像降维和分类算法 ［J］. 国土资源遥感, 2017, 29 (1): 104-109.

［19］ 吴东洋, 马丽. 多流形 LE 算法在高光谱图像降维和分类上的应用 ［J］. 国土资源遥感, 2018, 30 (2): 80-86.

［20］ 张悦, 官云兰. 聚类与自适应波段选择结合的高光谱图像降维 ［J］. 遥感信息, 2018 (2): 66-70.

［21］ 崔颖, 宋国娇, 陈立伟, 等. 基于烟花算法降维的高光谱图像分类 ［J］. 华南理工大学学报 (自然科学版), 2017, 45 (3): 20-28.

［22］ 刘斌. 基于高光谱最优波段选择的地物分类方法研究 ［D］. 青岛: 中国石油大学 (华东), 2015.

［23］ CHANDRASHEKAR G, SAHIN F. A survey on feature selection methods ［J］. Computers & Electrical Engineering, 2014, 40（1）：16-28.

［24］谈晓晔. 基于高光谱图像的特征提取/选择及其应用的研究［D］. 哈尔滨：哈尔滨工业大学，2006.

［25］杨佳，华文深，刘恂，等. 基于 K-L 散度与光谱可分性距离的波段选择算法［J］. 应用光学，2014，35（1）：71-75.

［26］SENAWI A, WEI H L, BILLINGS S A. A new maximum relevance-minimum multicollinearity（MRmMC）method for feature selection and ranking［J］. Pattern Recognition, 2017, 67：47-61.

［27］WU B, CHEN C C, KECHADI T, et al. A comparative evaluation of filter-based feature selection methods for hyper-spectral band selection［J］. International Journal of Remote Sensing, 2013, 34（22）：7974-7990.

［28］WAN Y C, WANG M W, Ye Z W, et al. A feature selection method based on modified binary coded ant colony optimization algorithm［J］. Applied Soft Computing, 2016, 49：248-258.

［29］叶振宇. 雄安新区开发建设研究［J］. 河北师范大学学报（哲学社会科学版），2017（3）：12-17.

［30］郭娜，李恒，郭生挺，等. 福建省新分布植物记录［J］. 安徽农业科学，2015（36）：23-24.

［31］安旭，张树东. 基于支持向量机的模糊特征分类算法研究［J］. 计算机工程，2017，43（1）：237-240.

［32］王振武，孙佳骏，于忠义，等. 基于支持向量机的遥感图像分类研究综述［J］. 计算机科学，2016，43（9）：11-17.

［33］张进，丁胜，李波. 改进的基于粒子群优化的支持向量机特征选择和参数联合优化算法［J］. 计算机应用，2016，36（5）：1330-1335.

［34］齐子元，房立清，张英堂. 特征选择与支持向量机参数同步优化研究［J］. 振动、测试与诊断，2010，30（2）：111-114.

［35］赵少东. 基于粒子群算法的特征选择与支持向量机参数同步优化［D］. 广州：中山大学，2008.

［36］张俊才，张静. 使用粒子群算法进行特征选择及对支持向量机参数的优化［J］. 微电子学与计算机，2012，29（7）：138-141.

［37］任江涛，赵少东，许盛灿，等. 基于二进制 PSO 算法的特征选择及 SVM 参数同步优化［J］. 计算机科学，2007，34（6）：179-182.

［38］HUANG C L, WANG C J. A GA-based feature selection and parameters optimization for support vector machines［J］. Expert Systems with Applications, 2006, 31（2）：231-240.

［39］LIN K C, CHEN H Y. CSO-based feature selection and parameter optimization for support vector machine［C］. Pervasive Computing. Tamsui：IEEE, 2010：783-788.

［40］LIN S W, YING K C, CHEN S C, et al. Particle swarm optimization for parameter determination and feature selection of support vector machines［J］. Expert Systems with Applications, 2008, 35（4）：1817-1824.

［41］NOURISOLA H. Wavelet kernel based on identification for nonlinear hybrid systems［J］. Indonesian Journal of Electrical Engineering and Computer Science, 2014, 12（7）：5235-5243.

［42］孙延奎. 小波分析及其应用［M］. 北京：机械工业出版社，2005.

［43］GUPTA D, CHOUBEY S. Discrete wavelet transform for image processing［J］. International Journal of Emerging Technology and Advanced Engineering, 2015, 4（3）：598-602.

［44］LORENA A C, De CARVALHO A C. Evolutionary tuning of SVM parameter values in multiclass problems［J］. Neurocomputing, 2008, 71（16）：3326-3334.

［45］王红梅，张科，李言俊. 图像匹配研究进展［J］. 计算机工程与应用，2004，40（19）：42-44.

［46］ANUTA P E. Spatial registration of multispectral and multitemporal digital imagery using fast fourier transformation techniques［J］. IEEE Trans on Geosc-i, Electron, 1970, 8（4）：355-368.

［47］BARNEA D I, SILVERMAN H F. A class of algorithms for fast digital image registration［J］. IEEE Trans on

Computers. 1972, 21 (2)：179-186.

[48] MAITRE H，WU Y F. Adynamic programming algorithm forelasticregitrationof distorted picture based on autoregressive model [J]. IEEE Trans on Acoustics，Speech and Signalprocessing，1989，37 (2)：288-298.

[49] VIOLA P，WELLS W M. Alignment by maximization of mutual information [J]. International Journal of Computer Vision，1997，24 (2)：137-154.

[50] FLUSSR J. An adaptive method for image registration [J]. Pattern Recongnition，1992，25 (1)：45-54.

[51] 马颂德，张正友. 计算机视觉 [M]. 北京：科学出版社，1998.

[52] 牛毅菲，汪渤，苗常青. 图像匹配方法研究 [C]. 制造业自动化与网络化制造学术交流会，2004.

[53] 马烈. 混合优化算法及其在图像处理中的应用研究 [D]. 武汉：湖北工业大学，2017.

[54] 师恒. 鸽群算法在水泥电镜图像增强与分割中的应用研究 [D]. 武汉：湖北工业大学，2018.

[55] LIU W，SHI H，HE X Y，et al. An application of optimized Otsu multi-threshold segmentation based on fireworks algorithm in cement SEM image [J]. Journal of Algorithms & Computational Technology，2018.

[56] 杜培军，夏俊士，薛朝辉，等. 高光谱遥感影像分类研究进展 [J]. 遥感学报，2016，20 (2)：236-256.

[57] 付忠良. 通用集成学习算法的构造 [J]. 计算机研究与发展，2013，50 (4)：861-872.

[58] 何元磊，刘代志，王静荔，等. 利用独立成分分析的高光谱图像波段选择方法 [J]. 红外与激光工程，2012，41 (3)：818-824.

[59] 康恒政. 多分类器集成技术研究 [D]. 成都：西南交通大学，2011.

[60] 李诒靖，郭海湘，李亚楠，等. 一种基于 Boosting 的集成学习算法在不均衡数据中的分类 [J]. 系统工程理论与实践，2016，36 (1)：189-199.

[61] 李振旺，刘良云，张浩，等. 天宫一号高光谱成像仪在轨辐射定标与验证 [J]. 遥感技术与应用，2013，28 (5)：850-857.

[62] 刘雪松，葛亮，王斌，等. 基于最大信息量的高光谱遥感图像无监督波段选择方法 [J]. 红外与毫米波学报，2012，31 (2)：166-171.

[63] 马新宇，施彦，王小艺，等. 基于 Bagging 集成学习的水华预测方法研究 [J]. 计算机与应用化学，2014，31 (2)：140-144.

[64] 邵涛. 基于光谱信息的高光谱图像目标识别方法的研究 [D]. 哈尔滨：哈尔滨工业大学，2010.

[65] 孙泽洲，张熇，贾阳，等. 嫦娥三号探测器地面验证技术 [J]. 中国科学（技术科学），2014，44 (4)：369-376.

[66] 王建宇，李春来，姬弘桢，等. 热红外高光谱成像技术的研究现状与展望 [J]. 红外与毫米波学报，2015，34 (1)：51-59.

[67] 王立国，魏芳洁. 结合遗传法和蚁群算法的高光谱图像波段选择 [J]. 中国图象图形学报，2013，18 (2)：235-242.

[68] 王涛，刘少峰，杨金中，等. 改进的光谱角制图沿照度方向分类法及其应用——以 ETM 数据为例 [J]. 遥感学报，2007，11 (1)：77-84.

[69] 武伟. 人工神经网络的范畴解释及其应用 [D]. 南京：南京大学，2016.

[70] 杨可明，刘飞，孙阳阳，等. 谐波分析光谱角制图高光谱影像分类 [J]. 中国图象图形学报，2015，20 (6)：836-844.

[71] 张磊，邵振峰. 改进的 OIF 和 SVM 结合的高光谱遥感影像分类 [J]. 测绘科学，2014，39 (11)：114-117.

[72] 郑永爱，宣蕾. 混沌映射的随机性分析 [J]. 计算机应用与软件，2011，28 (12)：274-276.

[73] 周杨. 高光谱遥感图像波段选择算法研究 [D]. 杭州：浙江大学，2014.

［74］ 周有，侯铁双．基于小波核函数——支持向量算法的信号检测［J］．计算机仿真，2013，30（1）：263-267.

［75］ 朱建宇．K均值算法研究及其应用［D］．大连：大连理工大学，2013.

［76］ ABELLÁN J，CASTELLANO J G. A comparative study on base classifiers in ensemble methods for credit scoring ［J］. Expert Systems with Applications，2017，73：1-10.

［77］ AKYUZ A O，UYSAL M，BULBUL B A，et al. Ensemble approach for time series analysis in demand forecasting：ensemble learning ［C］. Innovations in intelligent systems and applications（INISTA），Gdynia：IEEE，2017.

［78］ ALBUKHANAJER W A，JIN Y C，BRIFFA J A. Classifier ensembles for image identification using multi-objective Pareto features ［J］. Neurocomputing，2017，238：316-327.

［79］ BARONCHELLI A，RADICCHI F. Lévy flights inhuman behavior and cognition ［J］. Chaos，Solitons & Fractals，2013，56：101-105.

［80］ BO C，LU H，WANG D. Spectral-spatial k-nearest neighbor approach for hyperspectral image classification ［J］. Multimedia Tools and Applications，2018，77（8）：10419-10436.

［81］ CAMPBELL J B，WYNNE R H. Introduction to remote sensing ［M］. New York：The Guilford Press，2011.

［82］ CHEN Y H，HE K J，TSO G K F. Forecasting crude oil prices：a deep learning based model ［J］. Procedia Computer Science，2017，122：300-307.

［83］ CHEN Y S，ZHAO X，JIA X P. Spectral - spatial classification of hyperspectral data based on deep belief network ［J］. IEEE Journal of Selected Topics in Applied Earth Observations and Remote Sensing，2015，8（6）：2381-2392.

［84］ CHEN Y S，ZHAO X，LIN Z H. Optimizing subspace SVM ensemble for hyperspectral imagery classification ［J］. IEEE Journal of Selected Topics in Applied Earth Observations and Remote Sensing，2014，7（4）：1295-1305.

［85］ CHENG Y H，KUO C N，LAI C M. Comparison of the adaptive inertia weight PSOs based on chaotic logistic map and tent map ［C］. Information and automation（ICIA），Macau：IEEE，2017：355-360.

［86］ CHUNG K M，KAO W C，SUN C L，et al. Radius margin bounds for support vector machines with the RBF kernel ［J］. Neural Computation，2003，15（11）：2643-2681.

［87］ CIVICIOGLU P，BESDOK E. A conceptual comparison of the Cuckoo-search，particle swarm optimization，differential evolution and artificial bee colony algorithms ［J］. Artificial Intelligence Review，2013，39（4）：315-346.

［88］ CORTES C，VAPNIK V. Support-vector networks ［J］. Machine Learning，1995，20（3）：273-297.

［89］ DU Q，YANG H. Similarity-based unsupervised band selection for hyperspectral image analysis ［J］. IEEE Geoscience and Remote Sensing Letters，2008，5（4）：564-568.

［90］ EIBEN A E，SMITH J. From evolutionary computation to the evolution of things ［J］. Nature，2015，521：476-482.

［91］ ELLIS K，DECHTER E，TENENBAUM J B. Dimensionality reduction via program induction ［C］. California：Spring，2015：48-52.

［92］ FARASH M S，ATTARI M A. Cryptanalysis and improvement of a chaotic map-based key agreement protocol using chebyshev sequence membership testing ［J］. Nonlinear Dynamics，2014，76（2）：1203-1213.

［93］ FARIS H，HASSONAH M A，ALZOU BI AM，et al. A multi-verse optimizer approach for feature selection and optimizing SVM parameters based on a robust system architecture ［J］. Neural Computing and Applications，2018，30（8）：2355-2369.

［94］ FENG J, JIAO L C, LIU F, et al. Unsupervised feature selection based on maximum information and minimum redundancy for hyperspectral images ［J］. Pattern Recognition, 2016, 51: 295-309.

［95］ GAO L R, LI J, KHODADADZADEH M, et al. Subspace-based support vector machines for hyperspectral image classification ［J］. IEEE Geoscience and Remote Sensing Letters, 2015, 12 (2): 349-353.

［96］ GAO Q W, LIU W Y, TANG B P, et al. A novel wind turbine fault diagnosis method based on intergral extension load mean decomposition multiscale entropy and least squares support vector machine ［J］. Renewable Energy, 2018, 116: 169-175.

［97］ GENG Y H, CHEN J, FU R J, et al. Enlighten wearable physiological monitoring systems: on-body rf characteristics based human motion classification using a support vector machine ［J］. IEEE Transactions on Mobile Computing, 2016, 15 (3): 656-671.

［98］ GHOSH A, DATTA A, GHOSH S. Self-adaptive differential evolution for feature selection in hyperspectral image data ［J］. Applied Soft Computing, 2013, 13 (4): 1969-1977.

［99］ GHOSH S, DUBEY S K. Comparative analysis of k-means and fuzzy c-means algorithms ［J］. International Journal of Advanced Computer Science and Applications, 2013, 4 (4): 35-39.

［100］ HARIYA Y, KURIHARA T, SHINDO T, et al. Lévy flight PSO ［C］. Evolutionary computation (CEC), 2015 IEEE Congress on. Sendai: IEEE, 2015: 2678-2684.

［101］ HERBRICH R. Learning kernel classifiers ［M］. Cambrielge Mit Press, 2016.

［102］ HU H T, FAN L, GUAN X. The research on modeling and simulation of crude oil output prediction based on KPCA-DE-SVM ［C］. Computational intelligence and applications (ICCIA), 2017 2nd IEEE International Conference on. Beijing: IEEE, 2017: 93-97.

［103］ JAMES G, WITTEN D, HASTIE T, et al. An introduction to statistical learning ［M］. New York: Springer, 2013.

［104］ JIA J H, YANG N, ZHANG C, et al. Object-oriented feature selection of high spatial resolution images using an improved relief algorithm ［J］. Mathematical and Computer Modelling, 2013, 58 (3): 619-626.

［105］ JORDEHI A R. Chaotic bat swarm optimisation (CBSO) ［J］. Applied Soft Computing, 2015, 26: 523-530.

［106］ JUAN A A, FAULIN J, GRASMAN S E, et al. A review of simheuristics: extending metaheuristics to deal with stochastic combinatorial optimization problems ［J］. Operations Research Perspectives, 2015, 2: 62-72.

［107］ KALLEL L, NAUDTS B, ROGERS A. Theoretical aspects of evolutionary computing ［M］. Springer Science & Business Media, Berlin: Springer, 2013.

［108］ KAYTEZ F, TAPLAMACIOGLU M C, CAM E, et al. Forecasting electricity consumption: a comparison of regression analysis, neural networks and least squares support vector machines ［J］. International Journal of Electrical Power & Energy Systems, 2015, 67: 431-438.

［109］ KISI O, PARMAR K S. Application of least square support vector machine and multivariate adaptive regression spline models in long term prediction of river water pollution ［J］. Journal of Hydrology, 2016, 534: 104-112.

［110］ KUO B C, HO H H, LI C H, et al. A kernel-based feature selection method for SVM with RBF kernel for hyperspectral image classification ［J］. IEEE Journal of Selected Topics in Applied Earth Observations and Remote Sensing, 2014, 7 (1): 317-326.

［111］ LEE Z, CARDER K L. Hyperspectral remote sensing. Remote sensing of coastal aquatic environments ［M］. Petersburg: Springer, 2007: 181-204.

［112］ LI J J, DU Q, LI Y S. An efficient radial basis function neural network for hyperspectral remote sensing image classification ［J］. Soft Computing, 2016, 20 (12): 4753-4759.

［113］ LI W, CHEN C, SU H J, et al. Local binary patterns and extreme learning machine for hyperspectral imagery classification ［J］. IEEE Transactions on Geoscience and Remote Sensing, 2015, 53 (7): 3681-3693.

［114］ LIANG H D. Advances in multispectral and hyperspectral imaging for archaeology and artconservation ［J］. Applied Physics a, 2012, 106 (2): 309-323.

［115］ LILLESAND T, KIEFER R W, CHIPMAN J. Remote sensing and image interpretation ［M］. USA: John Wiley & Sons, 2014.

［116］ LIU B L, LI Z N. Study on the automatic recognition of hidden defects based on Hilbert Huang transform and hybrid SVM-PSO model ［C］. Prognostics and system health management conference (PHM-Harbin). Harbin: IEEE, 2017: 1-7.

［117］ LIU L X, LIU B, HUANG H, et al. No-reference image quality assessment based on spatial and spectral entropies ［J］. Signal Processing: Image Communication, 2014, 29 (8): 856-863.

［118］ LIU W, FOWLER J E, ZHAO C H. Spatial logistic regression for support-vector classification of hyperspectral imagery ［J］. IEEE Geoscience and Remote Sensing Letters, 2017, 14 (3): 439-443.

［119］ LIU Z W, CAO H R, CHEN X F, et al. Multi-fault classification based on wavelet SVM with PSO algorithm to analyze vibration signals from rolling element bearings ［J］. Neurocomputing, 2013, 99: 399-410.

［120］ LORENZ E N. Deterministic nonperiodic flow ［M］. New York: The Theory of Chaotic Attractors. New York: Springer, 2004.

［121］ LU D, WENG Q, MORAN E, et al. Remote sensing image classification ［M］. CRC Press/Taylor and Francis, 2011.

［122］ LUAN K F, TONG X H, MA Y H, et al. Geometric correction of PHI hyperspectral image without ground control points ［C］. IOP conference series: earth and environmental science, IOP Publishing, 2014, 17 (1): 012193.

［123］ MANTEGNA R N. Fast, accurate algorithm for numerical simulation of levy stable stochastic processes ［J］. Physical Review e, 1994, 49 (5): 4677-4683.

［124］ MATARRESE R, ANCONA V, SALVATORI R, et al. Detecting soil organic carbon by CASI hyperspectral images ［C］. Geoscience and remote sensing symposium (IGARSS), 2014 IEEE International. IEEE, 2014: 3284-3287.

［125］ MATHER P, TSO B. Classification methods for remotely sensed data ［M］. CRC Press, 2016.

［126］ MEDJAHED S A, SAADI T A, BENYETTOU A, et al. Binary cuckoo search algorithm for band selection in hyperspectral image classification ［J］. IAENG International Journal of Computer Science, 2015, 42 (3): 183-191.

［127］ MOORTHY A K, BOVIK A C. A two-step framework for constructing blind image quality indices ［J］. IEEE Signal Processing Letters, 2010, 17 (5): 513-516.

［128］ NAGATANI T. Complex motion of elevators in piecewise map model combined with circle map ［J］. Physics Letters a, 2013, 377 (34): 2047-2051.

［129］ NIU Y, WANG X X, ZHANG X C, et al. A hybrid multi-objective particle swarm optimization algorithm based on lévy flights ［J］. Journal of Computational and Theoretical Nanoscience, 2017, 14 (7): 3323-3329.

［130］ PAN I, DAS S. Fractional order fuzzy control of hybrid power system with renewable generation using chaotic PSO ［J］. ISA Transactions, 2016, 62: 19-29.

［131］ PAPP É, CUDAHY T. Hyperspectral remote sensing ［J］. Geophysical and Remote Sensing Methods for Regolith Exploration, 2002, 144: 13-21.

［132］ PATEL N, KAUSHAL B K. Classification of features selected through optimum index factor (OIF) for improving classification accuracy ［J］. Journal of Forestry Research, 2011, 22 (1): 99-105.

［133］ PIZZOLANTE R, CARPENTIERI B. Band clustering for the lossless compression of AVIRIS hyperspectral images ［J］. International Journal on Signal and Image Processing, 2014, 5 (1): 1-14.

［134］ RASHEDI E, NEZAMABADI-POUR H, SARYAZDI S. GSA: a gravitational search algorithm ［J］. Information Sciences, 2009, 179 (13): 2232-2248.

［135］ RASHEDI E, NEZAMABADI-POUR H, SARYAZDI S. BGSA: binary gravitational search algorithm ［J］. Natural Computing, 2010, 9 (3): 727-745.

［136］ REES W G. Physical principles of remote sensing ［M］. Cambridge University Press, 2012.

［137］ RICHARDS J A, JIA X P. Using suitable neighbors to augment the training set in hyperspectral maximum likelihood classification ［J］. IEEE Geoscience and Remote Sensing Letters, 2008, 5 (4): 774-777.

［138］ SAINI I, SINGH D, KHOSLA A. QRS detection using k-nearest neighbor algorithm (KNN) and evaluation on standard ECG databases ［J］. Journal of Advanced Research, 2013, 4 (4): 331-344.

［139］ SHEN M F, LIN L X, CHEN J L, et al. A prediction approach for multichannel EEG signals modeling using local wavelet SVM ［J］. IEEE Transactions on Instrumentation and Measurement, 2010, 59 (5): 1485-1492.

［140］ SONG H, QIN A K, SALIM F D. Multi-resolution selective ensemble extreme learning machine for electricity consumption prediction ［C］. International Conference on Neural Information Processing, Springer, Cham, 2017: 600-609.

［141］ STORN R, PRICE K. Differential evolution-a simple and efficient scheme for global optimization over continuous spaces ［R］. ICSI, Berkelay, CA. TR, 1995: 95-102.

［142］ SUBASI A. Classification of EMG signals using PSO optimized SVM for diagnosis of neuromuscular disorders ［J］. Computers in Biology and Medicine, 2013, 43 (5): 576-586.

［143］ SUN L, WU Z B, LIU J J, et al. Supervised spectral-spatial hyperspectral image classification with weighted Markov random fields ［J］. IEEE Transactions on Geoscience and Remote Sensing, 2015, 53 (3): 1490-1503.

［144］ SUN J, CONG S L, MAO H P, et al. Identification of eggs from different production systems based on hyperspectra and CS-SVM ［J］. British Poultry Science, 2017, 58 (3): 256-261.

［145］ SUN J, FUJITA H, CHEN P, et al. Dynamic financial distress prediction with concept drift based on time weighting combined with Adaboost support vector machine ensemble ［J］. Knowledge-Based Systems, 2017, 120: 4-14.

［146］ SUN K, SHUAI T, CHEN J Y, et al. An efficient band selection method for hyperspectral imageries based on covariance matrix ［C］. The workshop on hyperspectral image & signal processing: evolution in remote sensing, 2016: 1-4.

［147］ SUTHAHARAN S. Support vector machine ［M］. Machine learning models and algorithms for big data classification. Springer US, 2016: 207-235.

［148］ TANG B, LIU Z, XIAO X Y, et al. Spectral-spatial hyperspectral classification based on multi-center SAM and MRF ［J］. Optical Review, 2015, 22 (6): 911-918.

［149］ TANG B, SONG T, LI F, et al. Fault diagnosis for a wind turbine transmission system based on manifold learning and shannon wavelet support vector machine ［J］. Renewable Energy, 2014, 62: 1-9.

［150］ TONG M, LIU K H, XU C G, et al. An ensemble of SVM classifiers based on gene pairs ［J］. Computers in Biology and Medicine, 2013, 43 (6): 729-737.

［151］ WALNUT D F. An introduction to wavelet analysis ［M］. Springer Science & Business Media, 2013.

［152］ WANG C H, KOMODAKIS N, PARAGIOS N. Markov random field modeling, inference & learning in computer vision & image understanding: a survey ［J］. Computer Vision and Image Understanding, 2013, 117 (11): 1610-1627.

［153］ WANG D Y, WEI S, LUO H Y, et al. A novel hybrid model for air quality index forecasting based on two-phase decomposition technique and modified extreme learning machine ［J］. Science of Total Environment, 2017, 580: 719-733.

［154］ WANG G G, DEB S, GANDOMI A H, et al. Chaotic cuckoo search ［J］. Soft Computing, 2016, 20 (9): 3349-3362.

［155］ WANG M W, WAN Y H, YE Z H, et al. Remote sensing image classification based on the optimal support vector machine and modified binary coded ant colony optimization algorithm ［J］. Information Sciences, 2017, 402: 50-68.

［156］ WANG Q, LI Q L, LIU H Y, et al. An improved ISODATA algorithm for hyperspectral image classification ［C］. Image and signal processing (CISP), 2014 7th International Congress on. IEEE, 2014: 660-664.

［157］ WANG Z W, WANG C B. Application and research on foundation monitoring using ISODATA based fuzzy cluster analysis algorithm ［C］. Digital manufacturing and automation (ICDMA), 2013 Fourth International Conference on. IEEE, 2013: 264-266.

［158］ WEI Q G, WEI Z H. Binary particle swarm optimization for frequency band selection in motor imagery based brain-computer interfaces ［J］. Bio-Medical Materials and Engineering, 2015, 26 (s1): S1523-S1532.

［159］ WILL C M. Theory and experiment in gravitational physics ［M］. Cambridge University Press, 1993.

［160］ WILLETT R, DUARTE M F, DAVENPORT M A, et al. Sparsity and structure in hyperspectral imaging: sensing, reconstruction, and target detection ［J］. IEEE Signal Processing Magazine, 2014, 31 (1): 116-126.

［161］ WOOLDRIDGE J M. Quasi-maximum likelihood estimation and testing for nonlinear models with endogenous explanatory variables ［J］. Journal of Econometrics, 2014, 182 (1): 226-234.

［162］ WU G C, BALEANU D. Reprint of: chaos synchronization of the discrete fractional logistic map ［J］. Signal Processing, 2015, 107: 444-447.

［163］ WU G C, BALEANU D, ZENG S D. Discrete chaos in fractional sine and standard maps ［J］. Physics Letters a, 2014, 378 (5): 484-487.

［164］ WU Y F, YANG X H, PLAZA A, et al. Approximate computing of remotely sensed data: SVM hyperspectral image classification as a case study ［J］. IEEE Journal of Selected Topics in Applied Earth Observations and Remote Sensing, 2016, 9 (12): 5806-5818.

［165］ XIA J S, CHANUSSOT J, DU P J, et al. Rotation-based support vector machine ensemble in classification of hyperspectral data with limited training samples ［J］. IEEE Transactions on Geoscience and Remote Sensing, 2016, 54 (3): 1519-1531.

［166］ XIE L, LI G Y, XIAO M, et al. Hyperspectral image classification using discrete space model and support vector machines ［J］. IEEE Geoscience and Remote Sensing Letters, 2017, 14 (3): 374-378.

［167］ XING B, GAO W J. Gravitational search algorithm ［M］. Innovative computational intelligence: a rough guide to 134 clever algorithms, Springer International Publishing, 2014.

［168］ XING B X, ZHANG K J, SUN S Q, et al. Emotion-driven Chinese folk music-image retrieval based on DE-

SVM ［J］. Neurocomputing, 2015, 148: 619-627.

［169］ XU M X, SHI J Q, CHEN W, et al. A band selection method for hyperspectral image based on particle swarm optimization algorithm with dynamic sub-swarms ［J］. Journal of Signal Processing Systems, 2018, 90: 1269-1279.

［170］ XUE Z H, DU P J, SU H J. Harmonic analysis for hyperspectral image classification integrated with PSO optimized SVM ［J］. IEEE Journal of Selected Topics in Applied Earth Observations and Remote Sensing, 2014, 7 (6): 2131-2146.

［171］ YANG D X, LIU Z J, ZHOU J L. Chaos optimization algorithms based on chaotic maps with different probability distribution and search speed for global optimization ［J］. Communications in Nonlinear Science and Numerical Simulation, 2014, 19 (4): 1229-1246.

［172］ YANG L X, YANG S Y, LI S J, et al. Coupled compressed sensing inspired sparse spatial-spectral LSSVM for hyperspectral image classification ［J］. Knowledge-Based Systems, 2015, 79: 80-89.

［173］ YAO X, LIU Y, LIN G M. Evolutionary programming made faster ［J］. IEEE Transactions on Evolutionary Computation, 1999, 3 (2): 82-102.

［174］ YIN X C, HUANG K Z, HAO H W, et al. A novel classifier ensemble method with sparsity and diversity ［J］. Neurocomputing, 2014, 134: 214-221.

［175］ ZHANG C, MA Y. Ensemble machine learning: methods and applications ［M］. Springer Science & Business Media, 2012.

［176］ ZHANG H L, YANG K, YANG Z, et al. Hyperspectral mineral mapping technology applied to geology based on HyMap data ［C］. International Symposium on Optoelectronic Technology and Application 2016. International Society for Optics and Photonics, 2016: 101560Y-101560Y-5.

［177］ ZHANG M Y, MA J J, GONG M G. Unsupervised hyperspectral band selection by fuzzy clustering with particle swarm optimization ［J］. IEEE Geoscience and Remote Sensing Letters, 2017, 14 (5): 773-777.

［178］ ZHANG X L, WANG D L. A deep ensemble learning method for monaural speech separation ［J］. IEEE/ACM Transactions on Audio, Speech and Language Processing (TASLP), 2016, 24 (5): 967-977.

［179］ ZHAO C H, LIU W, XU Y, et al. A spectral-spatial SVM-based multi-layer learning algorithm for hyperspectral image classification ［J］. Remote Sensing Letters, 2018, 9 (3): 219-228.

［180］ ZHAO Y, LI J P, YU L. A deep learning ensemble approach for crude oil price forecasting ［J］. Energy Economics, 2017, 66: 9-16.

［181］ BUADES A C B, MOREL J M. Non-local means denoising ［J］. Image Processing on Line, 2011 (1): 208-212.

［182］ PAIVA J L D, TOLEDO C F M, PEDRINI H. An approach based on hybrid genetic algorithm applied to image denoising problem ［M］. Elsevier Science Publishers B. V., 2016.

［183］ 杨昕昳. 基于粒子群优化的图像去噪算法 ［J］. 科技资讯, 2011 (11): 91.

［184］ 王海军, 门克内木乐, 金涛. 蝙蝠 BP 神经网络在图像去噪中的应用研究 ［J］. 微电子学与计算机, 2018, 35 (9): 127-130.